H. Rüden ▪ F. Daschner ▪ P. Gastmeier (Hrsg.)

Krankenhausinfektionen ▪ Empfehlungen für das Hygienemanagement

Springer-Verlag Berlin Heidelberg GmbH

H. Rüden   F. Daschner   P. Gastmeier (Hrsg.)

Krankenhaus-infektionen

Empfehlungen für das Hygienemanagement

Mit 10 Abbildungen und 30 Tabellen

Springer

Professor Dr. med. Henning Rüden
Priv.-Doz. Dr. med. Petra Gastmeier
Institut für Hygiene der Freien Universität Berlin
Hindenburgdamm 27, 12203 Berlin

Professor Dr. med. Franz Daschner
Institut für Umweltmedizin und Krankenhaushygiene
der Albert-Ludwigs-Universität Freiburg
Hugstetter Straße 55, 79106 Freiburg

Das Bundesministerium für Gesundheit hat die Erarbeitung
der vorliegenden Empfehlungen initiiert und gefördert.

ISBN 978-3-540-66403-1

Die Deutsche Bibliothek – CIP-Einheitsaufnahme
Krankenhausinfektionen: Empfehlungen für das Hygienemanagement / H. Rüden;
F. Daschner; P. Gastmeier (Hrsg.). – Berlin; Heidelberg; New York; Barcelona; Hongkong;
London; Mailand; Paris; Singapur; Tokio: Springer, 2000
   ISBN 978-3-540-66403-1   ISBN 978-3-642-57136-7 (eBook)
   DOI 10.1007/978-3-642-57136-7

Umschlaggestaltung: de'blik, Berlin
Herstellung: Klemens Schwind
Satz: K+V Fotosatz GmbH, Beerfelden

SPIN 10834087   22/3111 – 5 4 3 2

Vorwort

Nosokomiale Infektionen stellen weltweit eines der größten infektiologischen Probleme dar. Daher wurde vom Bundesgesundheitsministerium im Rahmen seines Qualitätssicherungsprogramms von 1993–1995 erstmals eine nationale Prävalenzstudie (Nosokomiale Infektionen in Deutschland: Erfassung und Prävention; NIDEP-1-Studie) gefördert. Nach Untersuchung von fast 15000 Patienten in 72 repräsentativ ausgewählten Krankenhäusern wurde eine Prävalenz der nosokomialen Infektionen von mindestens 3,5% gefunden. Daraus ergab sich die Frage, ob und inwieweit sich nosokomiale Infektionen vermeiden lassen.

Deshalb hat das Bundesgesundheitsministerium von 1995 bis 1999 eine weitere Studie zur Prävention nosokomialer Infektionen in der Intensivmedizin und in der operativen Medizin gefördert (NIDEP-2-Studie). Erstmals konnte für Deutschland gezeigt werden, daß bei gezielter Infektionsprävention mindestens jede 6. nosokomiale Infektion vermieden werden kann. Surveillancebasierte Infektionsprävention war für Deutschland zu Beginn der NIDEP-2-Studie relativ neu. Deshalb gibt das Buch praktische Hinweise zum Qualitätsmanagement nosokomialer Infektionen, wobei die Surveillance als Mittel zur Identifizierung von endemischen und epidemischen nosokomialen Infektionen dabei einen besonderen Stellenwert hat. Auch das konsequente Hinterfragen der für einzelne Empfehlungen zugrunde liegenden „Evidence" war vor einigen Jahren in Deutschland noch nicht sehr verbreitet.

Die wichtigsten Empfehlungen zur Prävention der häufigsten nosokomialen Infektionen der Richtlinie für Krankenhaushygiene und Infektionsprävention, die v. a. auf Expertenkonsens beruhten, stammten aus dem Jahre 1985 und waren seitdem nicht mehr neueren Studienergebnissen angepaßt worden. Wir haben uns daher aufgrund fehlender Transparenz zur Evidence krankenhaushygienischer Empfehlungen in Deutschland entschlossen, die weltweit am meisten verbreiteten Guidelines zur Prävention von Harnwegsinfektionen, Pneumonien, Sepsis und Wundinfektionen der Centers for Disease Control and Prevention (CDC, USA) als Grundlage für differenzierte und effiziente Empfehlungen heranzuziehen. Sie wurden für dieses Buch teilweise aktualisiert und den deutschen Verhältnissen angepaßt. Inzwischen hat auch die RKI-Kommission die internationalen Standards – wie die Evidence-based-Kategorisierung krankenhaushygienischer Empfehlungen – aufgenommen und differenzierte aktuelle Empfehlungen für die wichtigsten nosokomialen Infektionen erarbeitet, die an anderer Stelle in den nächsten Monaten und Jahren nachzulesen sein werden.

Wir hoffen, daß der Anwender im Krankenhaus differenzierter als bisher Sinnvolles und Unsinniges unterscheidet und in seine Praxis umsetzt, um gezielt nosokomiale Infektionen zu vermeiden.

Die NIDEP-1- und NIDEP-2-Studien und damit auch das vorliegende Buch wären ohne die Mithilfe einer Vielzahl Beteiligter nicht möglich geworden.

Vor allem danken wir den Ärzten und dem Pflegepersonal in den vielen beteiligten deutschen Krankenhäusern, die uns ohne Einschränkung ihre Hilfe anboten.

Wir danken dem Bundesgesundheitsministerium – unter Leitung von Herrn Ministerialdirektor E. Luithlen und Frau Dr. H. Kastenholz – für die unermüdliche und kontinuierliche Unterstützung bei der Studienplanung und -durchführung, und natürlich besonders auch unseren Mitarbeitern, die sich für die beiden Studien sehr engagiert haben.

Berlin/Freiburg, im März 2000

HENNING RÜDEN
FRANZ DASCHNER
PETRA GASTMEIER

Anmerkung. In diesem Buch beziehen sich alle Berufs- bzw. Gruppenbezeichnungen, auch wenn aus grammatisch üblichen Gründen nur die männliche Form benutzt wird, selbstverständlich (vorurteilsfrei) auf beide Geschlechter.

Inhaltsverzeichnis

Autorenverzeichnis

EBNER, WINFRIED, Dr. med.
Institut für Umweltmedizin
und Krankenhaushygiene
der Albert-Ludwigs-Universität Freiburg
Hugstetter Str. 55
79106 Freiburg

ECKMANNS, TIM, Arzt
Institut für Hygiene
der Freien Universität Berlin
Hindenburgdamm 27
12203 Berlin

FORSTER, DIETMAR, Dr. med.
Institut für Umweltmedizin
und Krankenhaushygiene
der Albert-Ludwigs-Universität Freiburg
Hugstetter Str. 55
79106 Freiburg

GASTMEIER, PETRA, Priv.-Doz. Dr. med.
Institut für Hygiene
der Freien Universität Berlin
Hindenburgdamm 27
12203 Berlin

GEFFERS, CHRISTINE, Ärztin
Institut für Hygiene
der Freien Universität Berlin
Hindenburgdamm 27
12203 Berlin

KRAUSE, GERARD, Dr. med.
Institut für Umweltmedizin
und Krankenhaushygiene
der Albert-Ludwigs-Universität Freiburg
Hugstetter Str. 55
79106 Freiburg

RATH, ANDREA, Dr. med.
Institut für Hygiene
der Freien Universität Berlin
Hindenburgdamm 27
12203 Berlin

Kapitel 1 Einleitung

Nosokomiale Infektionen haben eine erhebliche Bedeutung und stellen eine ständige Herausforderung für Kliniker und Hygienepersonal dar. Nach einer Studie von Becker et al. (Becker et al. 1987) beträgt ihr Anteil an allen Komplikationen medizinischer Behandlung ca. 50%. Besonders gravierend ist es, wenn sie zu erheblicher Verlängerung der Verweildauer oder sogar zum Tode führen bzw. mit zum Tode beitragen. So verdoppelt bis verdreifacht sich das Todesrisiko bei Patienten mit nosokomialen Pneumonien im Vergleich zu nicht infizierten Patienten, für die nosokomiale Sepsis wird das zwei- bis vierfache Risiko angegeben (Girou u. Brun-Buisson 1996). Krankenhausinfektionen verursachen nicht nur zusätzliche erhebliche Kosten, sondern bedeuten auch einen Imageverlust für Kliniken.

Auch Fehler in der Antibiotikaanwendung führen zu erheblichen Kosten. In der Regel werden ca. 20% aller Arzneimittelkosten eines Akutkrankenhauses durch Antibiotika verursacht. In der NIDEP-1-Studie (Rüden et al. 1997) konnte festgestellt werden, daß bei 35,1% der mit Antibiotika behandelten Patienten und sogar bei 49,5% der Intensivpatienten weder eine Infektion bei Krankenhausaufnahme vorlag noch eine nosokomiale Infektion diagnostiziert werden konnten. Auch die Auswahl von Antibiotika und die Dauer von deren Anwendung können in Deutschland noch erheblich optimiert werden. Unqualifizierte Antibiotikaanwendung führt außerdem noch zur Resistenzzunahme bei nosokomialen Infektionserregern.

Es muß deshalb alles Notwendige und Sinnvolle getan werden, um nosokomiale Infektionen zu vermeiden. Die Präsentation und Verbreitung von Empfehlungen allein ist in der Regel allerdings nicht ausreichend, um zu einer Reduktion der nosokomialen Infektionen zu gelangen. Deshalb werden im ersten Teil des Buches allgemeine Methoden des Qualitätsmanagements (Kap. 2) vorgestellt und in den folgenden Kapiteln für das Gebiet der Krankenhaushygiene erläutert.

Ohne Qualitätsmanagement werden hygienische Defizite in den Krankenhäusern häufig gar nicht erkannt. Auch Hygienepersonal ist dazu nicht immer in der Lage.

Manchmal, oft auch aus Personalmangel, kann das Hygienefachpersonal nur auf entsprechende Anfragen und Anregungen durch das Klinikpersonal reagieren, oder es kommt erst bei einem Ausbruch nosokomialer Infektionen zu einer Überprüfung und ggf. Änderung des bisherigen Regimes.

Ein großer Anteil der auf dem Gebiet der Krankenhaushygiene tätigen Ärzte und Schwestern ist aber bereits seit langem dazu übergegangen, selbst zu agieren, d. h. gezielt nach möglichen Defiziten bzw. Optimierungspotentialen zu suchen.

Dabei wird einerseits das Augenmerk auf die Strukturqualität gelegt, insbesondere auf die allgemeine Fortbildung des Krankenhauspersonals, aber auch auf die Prozeßqualität, indem der beobachtete oder erfragte Ist-Zustand bei der Durchführung bestimmter Maßnahmen mit dem Soll-Standard verglichen wird.

Leider aber führen viele dieser Maßnahmen meist nur dann zu einer dauerhaften Veränderung des Verhaltens, wenn das Personal wirklich erkannt hat, daß verbunden mit dieser oder jener durchgeführten bzw. nicht durchgeführten Maßnahme wirklich ein Risiko für die Patienten besteht.

Es wird zwar in vielen Krankenhäusern bereits eine Surveillance nosokomialer Infektionen durchgeführt, um so z. B. das endemische Niveau der Infektionsrate zu identifizieren (Ergebnisqualität), die Surveillance wird aber oft nicht mit standardisierten Kriterien durchgeführt, so daß deren Ergebnisse nicht mit denen anderer Kliniken verglichen werden können. In Kap. 3 und 4 werden daher standardisierte Methoden der Problemidentifikation einschließlich Surveillance und der Problemanalyse vorgestellt.

Entscheidend bei der Bekämpfung nosokomialer Infektionen ist allerdings die Einleitung und Durchführung geeigneter Interventionsmaßnahmen, wenn man krankenhaushygienische Probleme erkannt hat. In Kap. 5 sollen dazu verschiedene Interventionsformen mit ihren Vor- und Nachteilen erläutert werden.

Letztendlich aber muß das gut ausgebildete und erfahrene Hygienepersonal in der konkreten Situation des jeweiligen Krankenhauses, der Abteilung oder der Station selbst entscheiden, welche der vorgestellten Maßnahmen wahrscheinlich am meisten erfolgversprechend ist, um Krankenhausinfektionen langfristig zu reduzieren.

Die verschiedenen in Kap. 3, 4 und 5 zur besseren Veranschaulichung benützten Beispiele resultieren fast ausschließlich aus den Erfahrungen des zweiten Teils der NIDEP-Studie (Nosokomiale Infektionen in Deutschland – Erfassung und Prävention). Während dieser durch das Bundesgesundheitsministerium geförderten kontrollierten Studie wurden in einem Zeitraum von 3 Jahren in den chirurgischen und Intensivstationen von 4 ausgewählten Krankenhäusern mittlerer Größenklasse (im Buch gekennzeichnet mit A, D, L, M) auf der Basis der in einer Ausgangsuntersuchung ermittelten Infektionsraten durch 4 Studienärzte intensive Interventionsanstrengungen unternommen und mit der Situation in 4 Kontrollkrankenhäusern (C, F, H, J) verglichen. Die Ergebnisse dieser Studie werden an anderer Stelle publiziert. *

---

* Rüden H, Daschner F (Hrsg.) Nosokomiale Infektionen in Deutschland – Erfassung und Prävention (NIDEP-Studie), Teil 2: Studie zur Einführung eines Qualitätsmanagementprogrammes, Nomos-Verlagsgesellschaft, Baden-Baden 2000

Eine effektive krankenhaushygienische Arbeit kann nur dann erreicht werden, wenn ausreichend gut ausgebildetes und patientennah arbeitendes Fachpersonal für das hygienische Qualitätsmanagement zur Verfügung steht. Bei der Identifikation und Analyse von Problemen der Infektionsprävention in den Krankenhäusern und v.a. bei den Interventionsmaßnahmen wurde deshalb im Rahmen von NIDEP II auch überprüft, in welchem Maße die existierenden strukturellen Voraussetzungen für das hygienische Management geeignet waren bzw. ob neue Elemente, z.B. Qualitätszirkel, zu neuen Impulsen führen können. In Kap. 7 sind die Erfahrungen und der erforderliche Zeitaufwand dargestellt, um das erprobte Qualitätsmanagement in den untersuchten Bereichen umzusetzen.

Während die bisher erwähnten Maßnahmen des Qualitätsmanagements v.a. das Ziel haben, die endemische Rate von nosokomialen Infektionen in einer Abteilung oder einer Station zu senken, sind besondere Maßnahmen erforderlich, wenn es zu einer Epidemie von Krankenhausinfektionen kommt. Deshalb ist dem besonderen Vorgehen bei der Erkennung und Aufklärung von Ausbrüchen ein Kapitel (8) gewidmet.

Wichtige Orientierung für das Qualitätsmanagement können Empfehlungen und Leitlinien geben, die das aktuelle Wissen zu bestimmten Fragenkomplexen zusammenfassen.

Da Harnwegsinfektionen, Atemwegsinfektionen, Wundinfektionen und Sepsis die vier wichtigsten nosokomialen Infektionsarten sind und zusammengefaßt 83,0% aller nosokomialen Infektionen in Deutschland repräsentieren (Rüden et al. 1997), konzentrieren sich die Empfehlungen auf die Prävention dieser vier Infektionsarten (Kap. 9).

Basis für die Empfehlungen zur Infektionsprävention sind die HICPAC (HICPAC: Hospital Infection Control Practices Advisory Committee)/CDC-Guidelines (Centers for Disease Control and Prevention, USA), die entsprechend den oben genannten Forderungen alle wichtigen Entscheidungsalternativen für einzelne infektionsprophylaktische Maßnahmen nennen. In diesen Guidelines wird eine Kategorisierung der Qualität der Evidenz benutzt, wobei die wissenschaftlichen Untersuchungen als Basis für die Zuordnung zu einem bestimmten Evidenzgrad zitiert werden. Um seit Erscheinen der jeweiligen HICPAC/CDC-Guidelines auch neuere Entwicklungen zu berücksichtigen, wurden nach einer in Kap. 9 dargestellten Methode (Hayward et al. 1995) neuere Studien identifiziert, ausgewählt und hinsichtlich ihres Evidenzgrades analysiert, um so die bisher vorliegenden Empfehlungen weiterzuentwickeln. Dabei wurden auch die Ergebnisse der Begutachtung anderer Autoren berücksichtigt sowie die Beurteilung der Praktikabilität durch Kliniker.

Zusätzlich werden Empfehlungen zur perioperativen Antibiotikaprophylaxe als wichtige weitere Maßnahme zur Reduktion der postoperativen Wundinfektionen (Kap. 10) gegeben. Entsprechend dem Positionspapier der amerikanischen „Society of Healthcare Epidemiology" (SHEA) zu den Anforderungen an die Infrastruktur und die wesentlichen Maßnahmen der Infektionsprävention in Krankenhäusern wird gefordert, daß jede Interventionsmaßnahme zur Infektionsprophylaxe nachweisen muß, daß die mit ihrer Anwendung verbundenen Vorteile die Risiken und die damit verbundenen Kosten aufwiegen (Scheckler et al. 1998). Kapitel 11 beschäftigt sich deshalb mit der Berücksichtigung von ökonomischen und ökologischen Aspekten bei der Prävention von nosokomialen Infektionen.

Bereits hier soll erwähnt werden, daß die in diesem Hygieneleitfaden genannten Empfehlungen nicht die Entscheidung im Einzelfall vorwegnehmen, sondern sie zeigen die Entscheidungsmöglichkeiten auf und liefern Evidenz, die verbunden mit der individuellen klinischen Beurteilung und den Werten und Erwartungen der Patienten hilft, eigene Entscheidungen im besten Interesse des Patienten zu treffen (Hayward et al. 1995).

KAPITEL 2

Einführung in das Qualitätsmanagement

2.1 Einleitung

Bis in die Mitte des Jahrhunderts bestand das Qualitätsmanagement in der Industrie im wesentlichen darin, bei der Endkontrolle fehlerhafte Produkte zu verwerfen oder zu reparieren. In den dreißiger Jahren wurden von den Amerikanern Shewart, Deming und Juran unabhängig voneinander Konzepte entwickelt, die bereits während der Produktion eine kontinuierliche Qualitätsverbesserung bewirken (Decker 1992). Damit sollen strukturelle Schwächen in der Produktion frühzeitig identifiziert und behoben werden, um am Ende eine möglichst hohe und hochwertige Ausbeute in der Produktion zu erzielen.

Diese Konzepte wurden zunächst von der japanischen Industrie umgesetzt und führten allmählich dazu, daß japanische Produkte das Image minderwertiger Massenware verloren. Als der traditionell von amerikanischen Firmen beherrschte Automobil- und Elektronikmarkt von japanischen Produkten dominiert wurde, begannen auch nordamerikanische Firmen, sich die Methoden des kontinuierlichen Qualitätsmanagements zu eigen zu machen. Später wurde zunehmend auch die Dienstleistung als Produkt verstanden und unter Qualitätsgesichtspunkten geprüft und umgestaltet (Decker 1992).

2.2 Grundbegriffe des Qualitätsmanagements

Die Terminologie des heutigen Qualitätsmanagements kommt aus dem angloamerikanischen Sprachraum. Manche Begriffe erlangen in der wörtlichen Übersetzung ins Deutsche völlig andere Bedeutungen oder sind falsch übersetzt worden. Vermutlich ist ein guter Teil der Verständnis- und Akzeptanzprobleme darauf zurückzuführen. Im folgenden wird deshalb versucht, die Terminologie zu erläutern und zugleich das Wesen des heutigen Qualitätsmanagements zu skizzieren.

Zunächst ist der Begriff **Qualität** zu definieren. An dieser Stelle wird die Definition von Viethen (Viethen 1995) zitiert, die einerseits der Anwendung im Krankenhaus gerecht wird und andererseits der abstrakten DIN 8402 treu bleibt:

> „Qualität medizinischer Versorgung ist die Gesamtheit der Merkmale
> eines Prozesses oder eines Objektes hinsichtlich der Eignung, vorge-
> gebene Erfordernisse im Sinne des Patienten und unter Berücksichti-
> gung des aktuellen Kenntnisstandes der Medizin zu erfüllen."

Im Krankenhaus werden aber nicht nur medizinische Dienstleistungen erbracht. Die Qualität eines Krankenhauses beinhaltet z.B. auch die
Schmackhaftigkeit des Patientenessens oder die Verfügbarkeit von Besu-
cherparkplätzen. Für die Krankenhaushygiene ist oben genannte Definition
jedoch ausreichend.

Qualitätsmanagement im Krankenhaus faßt all jene Maßnahmen zusammen, welche die Qualität der Leistungen verbessern sollen. Im Sozialgesetz-
buch V wird an Stelle von „Qualitätsmanagement" im Sinne der DIN 8402
der Begriff „Qualitätssicherung" verwendet.

Andere Autoren verwenden *„Qualitätssicherung"* auch als Übersetzung
für den Begriff „quality assurance". Quality assurance ist jedoch eher als
Qualität*zu*sicherung zu verstehen, d.h. eine Willensbekundung, sich stets
für optimale Qualität der eigenen Arbeit zu bemühen und entsprechende
Strukturen zu implementieren. Auch in einer anderen Beziehung ist der
deutsche Begriff „Qualitätssicherung" unglücklich, da er suggeriert, daß
ein fester Qualitätsstandard gesichert, d.h. lediglich erhalten werden soll.

Auf keinen Fall darf jedoch Qualitätssicherung als Synonym für *Qualitätskontrolle* mißverstanden werden. Die vielleicht wichtigste Erkenntnis in
diesem Zusammenhang ist, daß Qualität nicht in ein Produkt oder eine
Leistung *hinein*geprüft werden kann (Decker 1992). Qualitätskontrolle ist
ein Bestandteil des Qualitätsmanagements, der Qualitätsvergleiche vor oder
nach einer Intervention oder zwischen zwei Institutionen ermöglicht. In
diesem Sinne ist z.B. die Perinatalerhebung in Deutschland eine Qualitätskontrolle und kann als solche allenfalls Teil eines Qualitätsmanagementsy-
stems werden. Auch die Surveillance von Krankenhausinfektionen, die in
Kap. 3.2 beschrieben wird, ist Teil des Qualitätsmanagements. Sie bietet die
Grundlage für das sogenannte „bench marking". Bench marking bedeutet,
es werden Werte festgesetzt, die die Qualität der Arbeit festlegen sollen. In
der Krankenhaushygiene könnte dies etwa die Forderung sein, daß die Inzidenz nosokomialer beatmungsabhängiger Pneumonien einen gewissen
Wert nicht überschreiten soll. Die Surveillance liefert dazu nur die Basisda-
ten; das gesteckte Ziel zu erreichen, bedarf vielfältiger Maßnahmen, wie sie
in den folgenden Kapiteln besprochen werden.

Qualitätsmanagement kann verschiedene Strategien verfolgen, um ihrem
Ziel gerecht zu werden. Eine davon ist das **„Total Quality Management"**
(TQM). Es zeichnet sich dadurch aus, daß zu jeder Zeit und auf allen Ebenen die eigene Arbeit kontinuierlich verbessert wird. Das bedeutet auch,
daß man sich nicht mit einer einmalig erfolgreich durchgeführten Intervention zufrieden gibt, sondern daß man stets neue verbesserungswürdige,
d.h. nicht optimale Arbeitsprozesse identifiziert und angepaßte Verbesse-

rungen entwickelt und umsetzt. Diese Strategie wird auch „*Continuous Quality Improvement*" *(CQI)* oder im Deutschen „*Kontinuierlicher Verbesserungsprozeß*" *(KVP)* genannt (Viethen 1995). Das Wesentliche am Erfolg dieses Modells sind der kontinuierliche Ansatz und die aktive, d.h. auch gestaltende Beteiligung aller Mitarbeiter.

Bei diesem umfassenden Anspruch ist es wichtig, die Leistungen, die innerhalb eines Krankenhauses erbracht werden, nicht nur als jene zu begreifen, die direkt die Patienten betreffen. Ein wichtiger und vielleicht der umstrittenste Aspekt des KVP ist es, das *Kundenmodell* auf das Krankenhaus zu übertragen. Dies bedeutet, daß z.B. eine Station Kunde der Zentralwäscherei ist und als solche stets mit einer ausreichenden Anzahl sauberer Schutzkittel versorgt sein will. Umgekehrt ist auch die Wäscherei Kunde der Station, denn sie ist darauf angewiesen, daß zu waschende Kittel regelmäßig und unbeschädigt in die Wäscherei kommen. Bei diesem Beispiel handelt es sich um eine Wechselbeziehung zwischen internen Kunden. Externe Kunden wären neben dem Patienten auch seine Angehörigen, die Krankenkassen, die Krankentransportgesellschaften etc.

Dieser Kundenbegriff stößt auf große Akzeptanzprobleme gerade beim ärztlichem Personal, denn das Gebot der Fürsorge und der Verantwortung für Patienten geht weit über die Verpflichtungen hinaus, die gegenüber einem Kunden bestehen (Scheckler 1992). Andererseits beinhaltet der traditionelle Patientenbegriff, der sich nicht ohne Grund vom lateinischen Wort „patientia" (dt. Geduld) ableitet, immer auch den Aspekt des „Erduldenmüssens". Demgegenüber verleiht der Ausdruck „Kunde" dem Individuum einen größeren Anspruch auf Selbstbestimmung. Den Patienten als autonome Person zu sehen und seine Bedürfnisse zu respektieren, ist eine der wesentlichen Aspekte im Qualitätsmanagement. Allerdings müssen Patienten deshalb noch lange nicht als Kunden bezeichnet werden, bloß um das Kundenmodell aus der Industrie wortgetreu übernehmen zu können. Es empfiehlt sich deshalb, weiterhin von Patientinnen und Patienten zu sprechen, sich dabei jedoch des Anspruchs auf Patientenautonomie bewußt zu sein.

2.3 Qualitätsmanagement im Krankenhaus

Qualitätsmanagement und die dazugehörigen Methoden wie Qualitätszirkel etc. gelten als neue Schlagwörter im Gesundheitswesen, obgleich speziell im Krankenhaus seit jeher Mechanismen und Strukturen bestehen, die der Qualitätssicherung dienen. Zu nennen wären Therapierichtlinien, innerbetriebliche Fortbildungen, Chefvisiten, Röntgen- und Laborbefundbesprechungen etc. Ihnen ist gemeinsam, daß der Wissensstand unter Kollegen vereinheitlicht wird und Entscheidungen unter Mitarbeitern besprochen oder zumindest von erfahrenen Kollegen überprüft werden. Das gemeinsame Ziel ist es, die Behandlung des Patienten stets effektiv und möglichst fehlerfrei zu halten.

Beispiele für formalisierte Qualitätskontrolle jüngeren Ursprungs in Deutschland sind die Maßnahmen im Rahmen der Röntgenverordnung (in jetziger Form seit 1987), Ringversuche für medizinische Laboratorien (seit 1971), Peri- und Neonatalerhebungen (beginnend in München 1975), sowie Erhebung für chirurgische Tracerdiagnosen (als Indikatoren für operative Qualität, seit 1987 in Baden-Württemberg; Bundesärztekammer 1996). Diese Maßnahmen dienen jedoch im wesentlichen der zentralisierten Qualitätskontrolle, die den Vergleich der teilnehmenden Institutionen untereinander ermöglicht.

Die in jüngster Zeit propagierten Qualitätsmanagementmethoden, die z. T. auch in diesem Leitfaden Erwähnung finden, haben über das Erfassen von Qualitätsindikatoren hinaus die Aufgabe, direkte und kontinuierliche Verbesserungen der Arbeitsprozesse zu bewirken. Sie finden aber erst seit kurzem Eingang in die medizinische Versorgung. So wurden Qualitätszirkel in der Medizin in Deutschland erst 1993 eingeführt (Birkner 1996).

Trotz der bereits erwähnten Vorbehalte spricht vieles dafür, daß die Philosophie ebenso wie einzelne methodische Ansätze des sogenannten Qualitätsmanagements in der Lage sind, die Qualität und Effizienz in Medizin und Pflege zum Vorteil des Patienten zu verbessern (Laffel u. Blumenthal 1989).

2.4 Qualitätsmanagement in der Krankenhaushygiene

Im Kontext dieses Leitfadens beschränken wir uns auf Maßnahmen im Bereich der Krankenhaushygiene. In mancherlei Hinsicht erscheint dieser Bereich sehr gut geeignet, um mit Qualitätsmanagementmethoden sichtbare Erfolge zu erzielen (Joiner et al. 1996). Vielfach wird dem Qualitätsmanagement in der Krankenhaushygiene sogar eine Vorreiterrolle für das Qualitätsmanagement von Krankenhäusern zugeschrieben (Scheckler et al. 1998; Ruef u. Francioli 1997). Zum einen hängt die Hygienequalität eines Krankenhauses von vielen verschiedenen Berufsgruppen und Mitarbeitern ab (so werden Verbandwechsel z. B. sowohl von Ärzten als auch von Schwestern und Pflegern vorgenommen). Ein angepaßtes Qualitätsmanagement verfügt auch über Modelle, die diese unterschiedlichen Berufsgruppen in ein gemeinsames Konzept einbinden können.

Zum anderen läßt sich im Idealfall der Erfolg des Qualitätsmanagements im Bereich der Krankenhaushygiene konkret messen, nämlich durch sinkende Krankenhausinfektionsraten (French 1993). Hinzu kommt, daß die Effektivität vieler Maßnahmen, die der Verbesserung des Krankenhausinfektionsschutzes dienen, bereits wissenschaftlich erwiesen ist, diese also nicht erst entwickelt werden müssen. Zum Teil sind diese beim Personal nicht ausreichend bekannt. Viel häufiger jedoch ist das Wissen über die Maßnahmen vorhanden, aber die Umsetzung stößt auf strukturelle oder persönliche Widerstände. (Daß beim Legen peripherer Venenkatheter keine Handschuhe benutzt werden, kann daran liegen, daß Handschuhe nicht in

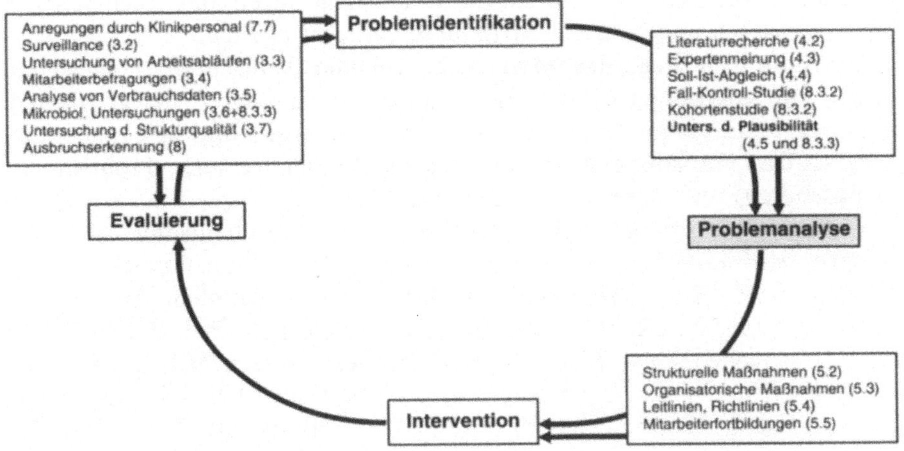

Abb. 2.1. Strategie der Problemlösung in der Krankenhaushygiene; *in Klammern* die Kapitel, in denen die angeführten Methoden erläutert werden

jedem Zimmer verfügbar sind oder aber das Tragen von Handschuhen unter Kollegen als unprofessionell gilt.) Diese Widerstände zu identifizieren und Lösungen zu entwickeln, sind die Stärken der Qualitätsmanagementmethoden.

Abbildung 2.1 zeigt modellhaft den Problemlösungsmechanismus des Qualitätsmanagements in der Krankenhaushygiene. Dieses Schema entspricht dem „Plan-Do-Check-Act"-Zyklus, der den kontinuierlichen, mehrstufigen Ansatz im modernen Qualitätsmanagemnet verdeutlicht (Decker 1992). Wenn ein Problem identifiziert ist, muß eine lösungsorientierte Problemanalyse erfolgen. Darauf müssen geeignete Interventionen gefunden werden, um die Lösungen zu implementieren. Hier hört der Vorgang jedoch nicht auf, sondern mündet wieder in eine Phase der Problemidentifikation. Durch diesen kontinuierlichen Ansatz wird erreicht, daß der Erfolg einer Intervention umgehend einer erneuten Prüfung unterstellt wird und daß laufend nach neuen Verbesserungsmöglichkeiten gesucht wird.

2.5 Fazit

Qualitätskontrolle findet in der Krankenhaushygiene in Deutschland seit jeher in Form von Begehungen, Umgebungsuntersuchungen und Sichtung von Laborbefunden statt.

Die oben erläuterten Neuerungen sind jedoch nicht nur semantischer Art. Das Kundenmodell z.B., einmal von allen Mitarbeitern verinnerlicht, hat weitreichende Folgen für das Zusammenspiel verschiedener Krankenhausabteilungen. Auch die Tatsache, daß bei der Problemanalyse und bei der Problemlösung die Mitarbeit aller Berufsgruppen und Hierachieebenen gefördert wird, führt im Idealfall dazu, daß neue Ideen entwickelt werden, die zuvor durch hierarchische Strukturen verdeckt blieben.

Herkömmlicherweise wurde versucht, Qualität dadurch zu erzielen, daß Fehler mit Sanktionen bei den (mutmaßlich) „Schuldigen" belegt wurden. Dies führte zu einem Klima, in dem Fehler verdeckt und geleugnet wurden, so daß ein kooperativer und selbstkritischer Versuch, Probleme zu identifizieren, verhindert wurde (Berwick 1989).

Erst wenn es gelingt, sich von diesem fatalen Mechanismus zu verabschieden und identifizierte Probleme nicht als Fehlleistungen einzelner Mitarbeiter, sondern als systembedingte Probleme zu begreifen, können Lösungen gefunden werden, die das gesamte System betreffen. Bei einer solchen Herangehensweise wird ein identifiziertes Problem nicht als ein Makel angesehen, den es zu verstecken gilt, sondern als Chance begriffen. Die Chance besteht darin, daß durch Lösung des Problems die Qualität der Arbeit weiter verbessert werden kann (Ruef u. Francioli 1997).

Ein solches Qualitätsmanagement bedarf der konsequenten Zustimmung und Förderung aller, insbesondere der leitenden Mitarbeiter, und darf in der Tat als neue Methode im Krankenhausmanagement bezeichnet werden. Im folgenden werden nun die wichtigsten Methoden im Hygienemanagement vorgestellt. Dabei sind die einzelnen Methoden bewußt so gegliedert worden, wie es dem oben geschilderten Problemlösungsmechanismus (s. Abb. 2.1) entspricht. Evaluierung und Problemidentifikation bedienen sich im wesentlichen derselben Methoden, weshalb sie im folgenden auch in einem Kapitel zusammengefaßt werden. Daran schließen sich die Kapitel Problemanalyse und Intervention an. Einzelne Methoden werden aus Gründen der Anschaulichkeit in Kap. 8 (Ausbruchsuntersuchung) behandelt. Das Kapitel Strukturen befaßt sich mit den personellen Einrichtungen, seien es einzelne Personen oder Personengruppen, die das Hygienemanagement aktiv gestalten, sich also der zuvor beschriebenen Methoden bedienen.

Kapitel 3 Problemidentifikation

3.1 Einleitung

Wenn Qualität verbessert werden soll, muß sie zuerst erfaßt und bewertet werden. Hierzu ist es nützlich, sich auf eine gemeinsam anerkannte Definition von Qualität zu beziehen und zu prüfen, inwieweit diese erfaßbar, also meßbar gemacht werden kann. Nach Donabedian ist grundsätzlich zwischen Struktur-, Prozeß- und Ergebnisqualität zu unterscheiden (Donabedian 1980):

Strukturqualität beschreibt die Rahmenbedingungen, unter denen die medizinischen und pflegerischen Leistungen vollbracht werden. Zur Strukturqualität gehört also, inwieweit Händedesinfektionsmittelspender in ausreichender Zahl und an geeigneten Stellen einer Station angebracht sind.

Prozeßqualität umfaßt jene Aspekte der Qualität, die die Durchführung einer Maßnahme betreffen. In Fortsetzung des oben genannten Beispiels ist es eine Frage der Prozeßqualität, ob sich die Mitarbeiter ausreichend häufig die Hände desinfizieren und ob sie dies auch auf eine effektive Weise tun.

Ergebnisqualität ist schließlich die Qualität des sogenannten „Endproduktes", also die Inzidenz nosokomialer Infektionen (NI).

Eine gute Ergebnisqualität der krankenhaushygienischen Arbeit spiegelt sich in niedrigen nosokomialen Infektionsraten wieder. Die völlige Elimination von NI ist kein realistisches Arbeitsziel, ca. zwei Drittel aller NI sind endogen bedingt und somit kaum vermeidbar (siehe Definition der NI, 3.2.4).

Sich diese drei Aspekte der Qualität zu vergegenwärtigen, ist für ein erfolgreiches Qualitätsmanagement unverzichtbar. Strukturqualiät ist am leichtesten zu messen und wird vielfach als Surrogat für die Gesamtqualität mißbraucht. Die Bedeutung der Prozeßqualität für die Gesamtqualität wird dabei oft unterschätzt. Leider fällt es einer Krankenhausleitung ebenso wie den übrigen Mitarbeitern leichter, Veränderungen in der Strukturqualität zu fordern und zu realisieren, als die Prozeßqualität effektiv zu verbessern. Um im Bild zu bleiben: Es ist leichter, obgleich kostspieliger, Desinfektionsmittelspender an jedem Bett zu installieren, als alle Mitarbeiter dazu zu motivieren, die Händedesinfektion in gebotener Häufigkeit durchzuführen. Vorausgesetzt, eine ausreichende Strukturqualität ist gegeben (in diesem Fall eine ausreichende Anzahl von Desinfektionsmittelspendern), sind Verbesserungen in der Prozeßqualität häufig effektiver und auch effizienter als eine noch weitere Verbesserung der Strukturqualität (also beispielsweise eine Verdopplung der Desinfektionsmittelspender).

Es ist natürlich wünschenswert, die Ergebnisqualität nachweisbar zu verbessern, weil dann gezeigt werden kann, daß das Ziel (z. B. eine Reduktion der Inzidenz nosokomialer Infektionen) erreicht wurde. Wie sich in Kap. 3.2 zeigt, ist die Erfassung der Ergebnisqualität oft mit großen methodischen Schwierigkeiten verbunden und damit aufwendig. Oft kann die Ergebnisqualität nicht direkt gemessen werden, so daß man davon ausgeht, daß gute Ergebnisqualität erreicht wird, wenn die Struktur- und Prozeßqualität gut sind. In einem solchen Fall würde man Indikatoren für Struktur- und Prozeßqualität erfassen, um indirekt Schlüsse auf die Ergebnisqualität zu ziehen.

Das Erfassen der Struktur- und Prozeßqualität hat auch eine wesentliche Bedeutung, wenn es darum geht, die Ursachen für unbefriedigende Resultate zu finden. Die Kenntnis über eine zu hohe Inzidenz nosokomialer Infektionen (Ergebnisqualität) nützt nichts, wenn man nicht den geringsten Verdacht hat, worin diese begründet liegt. Erst wenn durch selbstkritische Überprüfung unserer Arbeitsstrukturen und -prozesse Schwächen identifiziert wurden, sind wir auch in der Lage, diese zu beseitigen.

Es ist nur dann zulässig, von Struktur- und Prozeßindikatoren auf die Ergebnisqualität zu schließen, wenn im jeweiligen Bereich tatsächlich eine kausale Beziehung zwischen Struktur- und Prozeßqualität einerseits und der Ergebnisqualität andererseits nachgewiesen ist. Gerade dieser Nachweis ist jedoch selten zu erbringen.

In unserem Beispiel der Händedesinfektion hängt die Inzidenz der nosokomialen Infektionen von viel mehr Faktoren ab als von der Ausstattung mit Händedesinfektionsmittelspendern und ihrer korrekten Nutzung. Gerade in der Krankenhaushygiene, aber auch generell in der Medizin sind sehr komplexe Ursache-Wirkungs-Beziehungen typisch. Entsprechend ist auch das Instrumentarium zur Problemidentifikation und zur Intervention sehr vielfältig. Tabelle 3.1 faßt die Vor- und Nachteile zusammen, die mit der Erfassung der Struktur-, Prozeß- und Ergebnisqualität zusammenhängen.

Das Personal, das an einem Arbeitsprozeß beteiligt ist, soll aktiv an der Gestaltung und Verbesserung dieses Arbeitsprozesses mitwirken. Dies ist vielleicht das wichtigste Charakteristikum des modernen Qualitätsmanagements.

In besonderer Weise geschieht dies bereits bei der Identifikation von Verbesserungsmöglichkeiten oder Problemen, weil gerade das Personal im beruflichen Alltag auf Hindernisse stößt, die den Arbeitsfluß und/oder die Arbeitszufriedenheit hemmen. Hierbei sind nicht nur Ärzte und Schwestern gefordert. Anregungen und Fragen zu möglichen hygienischen Problemen können auch durch das Reinigungspersonal, Apotheker oder Techniker eingebracht werden. Aber auch neue Mitarbeiter, die in ihrer Ausbildung andere Hygienemaßnahmen kennengelernt haben, können den Anstoß zur Problemidentifikation geben.

Tabelle 3.1. Vor- und Nachteile der verschiedenen Methoden zur Identifikation von krankenhaushygienischen Problemen

Methoden zur Identifikation von krankenhaushygienischen Problemen	Vorteile	Nachteile
Auf der Ebene der Ergebnisqualität (Surveillance, Ausbruchuntersuchungen).	▪ Objektivste Methode. ▪ Methode mit dem höchsten Potential, Veränderungen zu bewirken.	▪ Erhöhter Zeitaufwand. ▪ Relativ selten zu Infektionen führende hygienische Probleme können leicht übersehen werden.
Auf der Ebene der Prozeßqualität (Beobachtungen, Befragungen zu Handlungsabläufen).	▪ In der Regel geringerer Zeitaufwand als Surveillance. ▪ Im Vergleich zur Strukturqualität werden patientennahe, häufiger zu Infektionen führende Handlungsabläufe beurteilt.	▪ Problem der Repräsentativität der Beobachtungen/Befragungen für das gesamte Personal. ▪ Möglichkeit, daß infektionsprophylaktisch relevante Handlungsabläufe nicht einbezogen und so Probleme übersehen werden.
Auf der Ebene der Strukturqualität (krankenhaushygienische Kenntnisse, räumlich-funktionelle Voraussetzungen).	▪ Geringer Zeitaufwand.	▪ Gute strukturelle Voraussetzungen können, müssen aber nicht zu einer guten Qualität führen.

Schon durch die täglichen Visiten und insbesondere die Chef- und Oberarztvisiten bietet sich die Gelegenheit, in einem größeren Kreis zwischen Ärzten und Pflegepersonal Vorgehensweisen zu überprüfen und evtl. auch in Frage zu stellen.

Dies wird bevorzugt immer dann geschehen, wenn Patienten ein ungewohntes, weil nicht alltägliches Hygieneregime erfordern oder aber Unsicherheiten bestehen, welche Maßnahmen nun die richtigen sind.

Letztendlich kann nur durch die verstärkte Sensibilisierung eine Überprüfung des eigenen Handels erreicht werden. Allein durch die häufige Präsenz eines Arztes für Hygiene oder von Hygienefachpflegepersonal auf den Stationen kann die erforderliche Sensibilität in Bezug auf Hygienemaßnahmen beim Stationspersonal verstärkt werden. Ein gutes Verhältnis zwischen Stationspersonal und dem für die Hygiene Verantwortlichen kann zudem die Basis dafür schaffen, daß bereits kleine Unsicherheiten z.B. beim Umgang mit Kathetern angesprochen und geklärt werden können. Es bietet sich an, das Stationspersonal auch direkt nach Unsicherheiten zu fragen, um evtl. vorhandene Schwellenängste abzubauen. Positive Erfahrungen, die in der Vergangenheit bei der Aufdeckung falscher Verhaltensweisen oder Unkenntnis gewonnen wurden und die sich aus Fragen und Anregungen des Klinikpersonals ergaben, sollten ruhig wiederholt Erwähnung finden, um somit das Personal zur Selbstbeobachtung zu stimulieren.

3.2 Surveillance nosokomialer Infektionen

3.2.1 Definition der Surveillance

> Surveillance ist die fortlaufende, systematische Erfassung, Analyse und Interpretation der Gesundheitsdaten, die für das Planen, die Einführung und Evaluation von medizinischen Maßnahmen notwendig sind. Dazu gehört die aktuelle Übermittlung der Daten an diejenigen, die diese Informationen benötigen (z. B. behandelnde Ärzte, Pflegepersonal; Gaynes u. Horan 1996).

Surveillance darf nicht zum Selbstzweck durchgeführt werden, das Ziel muß immer die Reduktion nosokomialer Infektionen sein. Der Beginn von Surveillanceaktivitäten setzt somit immer voraus, daß alle Beteiligten auch bereit sind, als Ergebnis der Surveillance geeignete Interventionsmaßnahmen durchzuführen.

3.2.2 Ziele der Surveillance

Im einzelnen kann die Surveillance u. a. folgendes leisten:
- Sie führt zur Feststellung der endemischen Rate nosokomialer Infektionen.
- Sie zeigt Veränderungen der Häufigkeit bzw. der Arten von NI auf.
- Sie führt zur Einleitung von Interventionsmaßnahmen im Falle von vergleichsweise hohen endemischen Infektionsraten oder eines Anstieges der NI. Dabei kann zwischen geplanten und zielgerichteten Interventionsmaßnahmen nach Analyse der Daten und mehr oder weniger unbewußten Verhaltensänderungen unterschieden werden. Die letztgenannten Veränderungen, die durch die Beobachtung an sich zustande kommen, werden auch als Hawthorne-Effekt bezeichnet.
- Sie weist nach, ob Interventionsmaßnahmen effektiv waren.

Am überzeugendsten wurde der Einfluß der Surveillance von NI in der SENIC-Studie nachgewiesen (Haley et al. 1985). In dieser umfangreichen Studie wurden in den siebziger Jahren je 1000 Patienten aus 338 nach dem Zufallsprinzip ausgewählten US-amerikanischen Krankenhäusern retrospektiv auf NI untersucht, und zwar je 500 zu Beginn des Untersuchungszeitraumes im Jahre 1970 und 500 fünf Jahre später. Insgesamt wurden somit 1975/76 169 518 Patienten am Studienbeginn und weitere 169 526 zum Studienende untersucht. Etwa die Hälfte der beteiligten Krankenhäuser führte in diesem Zeitraum Surveillance- und Präventionsmaßnahmen unterschiedlichen Ausmaßes ein. Diese Veränderungen wurden mit Hilfe von sorgfältig entwickelten Fragebögen gleichmäßig in allen Krankenhäusern aufgezeichnet. Es zeigte sich, daß die Durchführung der Surveillance zusammen mit der Beschäftigung von Hygienepersonal zu einer durchschnittlichen 32%igen Reduktion der NI-Rate führte.

Deshalb wird der Surveillance (v. a. wenn sie bezogen auf die Anwendung von Beatmungstherapie bzw. Gefäßkatheter durchgeführt wird) auch in den HICPAC-Guidelines die Evidenzkategorie Ia bzw. Ib zugeordnet (Tablan et al. 1994; Pearson and the Hospital Infection Control Practices Advisory Committee 1996; Kap. 11).

3.2.3 Vorbereitung der Surveillance

Am günstigsten ist es, wenn dieselben Methoden für die Surveillance angewendet werden, die auch in vielen anderen nationalen und internationalen Krankenhäusern bzw. sogar von Referenzdatenbanken benutzt werden. Dadurch ist die Möglichkeit gegeben, die eigenen Daten mit den Daten anderer zu vergleichen und so Anhaltspunkte für die Qualitätssicherung zu erhalten.

Selbstverständlich muß Surveillance zeit- und kosteneffektiv sein. Deshalb sollte sie so durchgeführt werden, daß
- für die Patienten und das Krankenhaus nur relevante NI erfaßt werden (NI mit hoher Letalität oder erheblicher Verlängerung der Verweildauer oder hohen Kosten, v. a. also Pneumonien und postoperative Wundinfektionen),
- in der jeweiligen Patientengruppe häufig auftretende NI erfaßt werden, damit man sinnvolle Infektionsraten berechnen kann,
- solche NI erfaßt werden, bei denen auch ein Reduktionspotential existiert.

In besonderen Fällen, beim Auftreten von speziellen Problemen, können selbstverständlich auch davon abweichende Festlegungen getroffen werden.

Vor Beginn einer Surveillance müssen einige wesentliche, im folgenden erläuterte Punkte geklärt werden:
Zuerst müssen im oben genannten Sinne die Infektionen und Patientengruppen ausgewählt werden, die analysiert werden sollen und die wichtigsten Probleme des Krankenhauses repräsentieren.
Bei chirurgischen Patienten wären u. a. folgende Auswahlmöglichkeiten für eine kontinuierliche bzw. zeitlich begrenzte Surveillance denkbar:
- alle Wundinfektionen bei allen operierten Patienten (weil die Wundinfektionen die wichtigsten nosokomialen Infektionen in den operativen Fächern sind) oder
- nur Wundinfektionen bei Patienten mit bestimmten Indikatoroperationen (weil durch Auswahl häufig durchgeführter Indikatoroperationen einschließlich Standardisierung und Stratifizierung (Kap. 3.2.7) für den Vergleich mit anderen Krankenhäusern sinnvolle Daten zustande kommen, die dann ggf. auch Rückschlüsse auf weniger häufig durchgeführte Operationen ermöglichen) oder

alle Harnwegsinfektionen bei chirurgischen Patienten mit Harnwegskathetern
(weil möglicherweise in der letzten Zeit der Eindruck einer Häufung von Harnwegsinfektionen entstanden ist).

3.2.4 Definitionen von nosokomialen Infektionen

Auf jeden Fall müssen schriftlich fixierte Definitionen angewendet werden, die spezifische Definitionen für einzelne Infektionsarten festgelegt haben. Weltweit am meisten verbreitet sind die Definitionen der Centers for Disease Control and Prevention (CDC; Garner et al. 1988; Horan et al. 1992).

Die allgemeinen Prinzipien der CDC-Definitionen sind folgende:
Als Reaktion auf das Vorhandensein von Mikroorganismen oder ihrer Toxine liegen lokale oder systemische Infektionszeichen vor, und es dürfen keine Hinweise existieren, daß die Infektion bereits bei der Aufnahme in das Krankenhaus vorhanden oder in der Inkubationsphase war. Außerdem gilt:

- Die Entscheidung über das Vorhandensein einer Infektion erfolgt unter Berücksichtigung klinischer Daten und der Ergebnisse von Laboruntersuchungen.
- Die klinischen Hinweise können aus der direkten Patientenbeobachtung gewonnen oder den Krankenunterlagen entnommen werden.
- Laborbefunde können kulturelle Befunde sein sowie Ergebnisse serologischer Untersuchungen oder mikroskopischer Nachweismethoden.
- Andere zu berücksichtigende diagnostische Untersuchungen sind: Röntgen-, Ultraschall-, CT-, MRT-, Szintigrafie- und Endoskopieuntersuchungen, Biopsien oder Punktionen.
- Die Diagnose des behandelnden Arztes, die aus der direkten Beobachtung während einer Operation, einer endoskopischen Untersuchung oder anderer diagnostischer Maßnahmen bzw. aus der klinischen Beurteilung resultiert, ist für einige Infektionsarten ebenfalls ein wichtiges Kriterium für eine Infektion, sofern nicht zwingende Gründe für die Annahme des Gegenteils vorliegen (z.B. vorläufige Diagnosen, die später nicht erhärtet werden konnten).

Die Infektionen können durch endogene (Keime der körpereigenen Flora) oder exogene Infektionserreger hervorgerufen worden sein. Infektionen, die während des Krankenhausaufenthaltes erworben wurden und erst nach Entlassung evident werden, gelten ebenfalls als nosokomial.

Infektionen, die mit Komplikationen oder Ausweitungen von bereits bei der Aufnahme vorhandenen Infektionen verbunden sind, werden nicht als nosokomiale Infektionen angesehen, es sei denn, ein Erregerwechsel oder ein Auftreten neuer Symptome deuten stark auf eine neu erworbene Infektion hin. Eine Kolonisation (Anwesenheit von Erregern auf der Haut, Schleimhaut, in offenen Wunden, in Exkreten oder Sekreten, aber ohne klinische Symptome) ist keine Infektion.

In den Tabellen 3.2 bis 3.5 sind die CDC-Definitionen der vier wichtigsten nosokomialen Infektionsarten aufgeführt. Zusätzlich existieren weitere CDC-Definitionen für andere Infektionsarten sowie spezielle Definitionen für Kinder im Alter unter 12 Monaten. Auf ihre Darstellung wurde an dieser Stelle verzichtet. Es soll an dieser Stelle ausdrücklich darauf hingewiesen werden, daß die Vermeidbarkeit oder Unvermeidbarkeit einer im Kran-

Tabelle 3.2. CDC-Definitionen für postoperative Wundinfektionen (ausgenommen Kinder < 12 Monate)

Oberflächliche Wundinfektion	Tiefe Wundinfektion	Infektionen von Körperhöhlen oder Organen im Operationsgebiet
Infektion an der Inzisionsstelle innerhalb von 30 Tagen nach der Operation, die nur Haut oder subkutanes Gewebe miteinbezieht, *und eines* der folgenden Kriterien ist erfüllt: ▪ Eitrige Sekretion aus der oberflächlichen Inzision. ▪ Kultureller Nachweis eines Erregers aus einem aseptisch entnommenen Wundsekret oder Gewebekultur von der oberflächlichen Inzision. ▪ Eines der folgenden Anzeichen: Schmerz oder Empfindlichkeit, lokalisierte Schwellung, Rötung oder Überwärmung, und Chirurg öffnet die oberflächliche Inzision bewußt, es sei denn, es liegt eine negative Kultur vor. ▪ Diagnose des Chirurgen oder des behandelnden Arztes.	Infektion innerhalb von 30 Tagen nach der Operation (innerhalb von 1 Jahr, wenn Implantat[a] in situ belassen), *und* Infektion scheint mit der Operation in Verbindung zu stehen *und* erfaßt Faszienschicht und Muskelgewebe, *und* eines der folgenden Kriterien ist erfüllt: ▪ Eitrige Sekretion aus dem tiefen Einschnitt, aber nicht aus dem Organ bzw. Raum. ▪ Spontan oder vom Chirurgen bewußt geöffnet, wenn der Patient mindestens eines der nachfolgenden Symptome hat: Fieber (>38 °C), lokalisierter Schmerz oder Empfindlichkeit, es sei denn, es liegt eine negative Kultur vor. ▪ Ein Abszeß oder sonstige Zeichen der Infektion sind bei der klinischen Untersuchung, während der erneuten Operation, bei der histopathologischen Untersuchung oder bei radiologischen Untersuchungen ersichtlich. ▪ Diagnose des Chirurgen oder des behandelnden Arztes.	Infektion innerhalb von 30 Tagen nach der Operation (innerhalb von 1 Jahr, wenn Implantat[a] in situ belassen), *und* Infektion scheint mit der Operation in Verbindung zu stehen *und* erfaßt Organe oder Körperhöhlen, die während der Operation geöffnet wurden oder an denen manipuliert wurde, *und* eines der folgenden Kriterien ist erfüllt: ▪ Eitrige Sekretion aus einem Drain, der Zugang zu dem tiefen Organ oder der Körperhöhle hat. ▪ Isolation eines Erregers aus steril entnommener Flüssigkeitskultur (bzw. Wundabstrich) oder Gewebekultur aus einem tiefen Organ oder Körperhöhle. ▪ Ein Abszeß oder sonstiges Zeichen der Infektion ist bei der klinischen Untersuchung, während der erneuten Operation, bei der histopathologischen Untersuchung oder bei radiologischen Untersuchungen ersichtlich. ▪ Diagnose des Chirurgen oder des behandelnden Arztes.

[a] Definition Implantat: Unter einem Implantat versteht man einen Fremdkörper nichtmenschlicher Herkunft, der einem Patienten während einer Operation auf Dauer eingesetzt wird und an dem nicht routinemäßig für diagnostische oder therapeutische Zwecke manipuliert wird [Hüftprothesen, Gefäßprothesen, Schrauben, Draht, künstliches Bauchnetz, Herzklappen (vom Schwein oder synthetisch)]. Menschliche Spenderorgane (Transplantate) wie z. B. Herz, Niere und Leber sind ausgeschlossen.

Tabelle 3.3. CDC-Definitionen für primäre Sepsis (ausgenommen Kinder < 12 Monate)

Durch Labor bestätigte Sepsis	Klinische Sepsis
Muß eines der folgenden Kriterien erfüllen: ■ Krankheitserreger aus Blutkultur isoliert *und* Mikroorganismus nicht mit Infektion an anderer Stelle identisch.[a] ■ Eines der folgenden: Fieber (>38 °C), Schüttelfrost oder Hypotonie, *und eines* der folgenden: → Gewöhnlicher Hautkeim wurde aus zwei zu verschiedenen Zeiten entnommenen Blutkulturen isoliert *und* ist nicht mit einer Infektion an anderer Stelle identisch.[a] → Gewöhnlicher Hautkeim wurde in Blutkulturen bei einem Patienten mit intravaskulärem Fremdkörper isoliert, *und* Arzt beginnt entsprechende antimikrobielle Therapie. → Positiver Antigenbluttest *und* Krankheitserreger ist mit Infektion an anderer Stelle nicht identisch.	Muß eines der folgenden Kriterien erfüllen: ■ Krankheitserreger aus Blutkultur isoliert *und* Mikroorganismus nicht mit Infektion an anderer Stelle identisch.[a] ■ Eines der folgenden: Fieber (>38 °C), Schüttelfrost oder Hypotonie, *und eines* der folgenden: → Gewöhnlicher Hautkeim wurde aus zwei zu verschiedenen Zeiten entnommenen Blutkulturen isoliert *und* ist nicht mit einer Infektion an anderer Stelle identisch.[a] → Gewöhnlicher Hautkeim wurde in Blutkulturen bei einem Patienten mit intravaskulärem Fremdkörper isoliert, *und* Arzt beginnt entsprechende antimikrobielle Therapie. → Positiver Antigenbluttest *und* Krankheitserreger ist mit Infektion an anderer Stelle nicht identisch.

[a] Ist der aus der Blutkultur isolierte Erreger mit dem einer nosokomialen Infektion an anderer Stelle identisch, wird die Sepsis als sekundäre Sepsis klassifiziert. Eine Ausnahme besteht bei der katheterassoziierten Sepsis, die als primäre klassifiziert wird, unabhängig davon, ob an der Insertionsstelle Infektionszeichen bestehen.

Tabelle 3.4. CDC-Definitionen für Pneumonie (ausgenommen Kinder < 12 Monate)

Muß eines der folgenden Kriterien erfüllen	oder:
■ Rasselgeräusche bei der Auskultation oder Dämpfung bei Perkussion während der Untersuchung des Thorax *und* eines der folgenden Anzeichen: → Neues Aufteten von eitrigem Sputum oder Veränderung der Charakteristika (z. B. Aussehen, Konsistenz, Geruch) des Sputums. → Erreger aus Blutkultur isoliert. → Krankheitserreger aus bronchoalveolärer Lavage, Bronchialabstrich (geschützte Bürste), transtrachealem Aspirat oder Biopsieprobe isoliert.	■ Röntgenuntersuchung des Thorax zeigt neues oder progressives Infiltrat, Verdichtung, Kavitation oder pleuralen Erguß *und* eines der folgenden Anzeichen: → Neues Auftreten von eitrigem Sputum oder Veränderung der Charakteristika des Sputums. → Erreger aus Blutkultur isoliert. → Krankheitserreger aus bronchoalveolärer Lavage, Bronchialabstrich, transtrachealem Aspirat oder Biopsieprobe isoliert. → Isolierung eines Virus oder Ermittlung von viralem Antigen in Atemwegssekreten. → Diagnostischer Einzelantikörpertiter (IgM) oder vierfacher Titeranstieg (IgG) für den betreffenden Krankheitserreger in wiederholten Serumproben. → Histopathologische Anzeichen einer Pneumonie.

Tabelle 3.5. CDC-Definitionen für Harnwegsinfektionen (ausgenommen Kinder < 12 Monate)

Symptomatische Harnwegsinfektion	Asymptomatische Bakteriurie
Muß eines der folgenden Kriterien erfüllen: ▪ Eines der folgenden: Fieber (> 38 °C), Harndrang, Häufigkeit, Dysurie oder suprapubische Mißempfindungen *und* eine Urinkultur von ≥ 10^5 Kolonien/ml Urin mit nicht mehr als 2 Arten von Erregern. ▪ Zwei der folgenden: Fieber (> 38 °C), Harndrang, Häufigkeit, Dysurie oder suprapubische Mißempfindungen *und* *eines* der folgenden Anzeichen: → Harnteststreifen für Leukozytenesterase und/oder Nitrat positiv. → Pyurie (≥ 10 Leukozyten/µl oder ≥ 3 Leukozyten/Gesichtsfeld bei 1000facher Vergrößerung im nichtzentrifugierten Urin). → Bei Gramfärbung einer nichtzentrifugierten Urinprobe Nachweis von Mikroorganismen. → 2 Urinkulturen mit wiederholter Isolierung des gleichen Keims mit ≥ 10^2 KBE/ml Urin im Katheterurin. → Urinkultur mit ≤ 10^5 KBE/ml Urin einzelner Keime bei Patienten, die mit der entsprechenden antimikrobiellen Therapie behandelt werden. → Diagnose des Arztes. → Arzt beginnt entsprechende antimikrobielle Therapie.	Muß eines der folgenden Kriterien erfüllen: ▪ Blasenkatheter innerhalb von 7 Tagen vor der Urinkultur, kein Fieber (< 38 °C) oder andere Symptome der ableitenden Harnwege, ≥ 10^5 KBE/ml Urin mit maximal 2 Arten von Erregern. ▪ In den letzten 7 Tagen vor Entnahme der 1. von 2 Urinkulturen kein Blasenkatheter, ≥ 10^5 KBE/ml Urin, gleiche Keime in mindestens 2 Urinkulturen, maximal 2 Arten, keine Infektionszeichen.

kenhaus auftretenden Infektion ohne Relevanz für die Anwendung der CDC-Definitionen ist.

Die Definitionen müssen bei Durchführung der Surveillance durch ein und dieselbe Person über die Zeit hinweg in gleicher Weise angewendet werden, um zeitliche Veränderungen zu identifizieren. Vor allem aber dann, wenn mehrere Personen an der Surveillance beteiligt sind oder wenn ein Vergleich mit anderen Krankenhäusern bzw. mit einer Referenzdatenbank beabsichtigt ist, muß ein Training der Anwendung der Infektionsdefinitionen und möglichst zusätzlich eine Validierung der Diagnostik nosokomialer Infektionen erfolgen (Gastmeier et al. 1998). Darüber hinaus müssen unklare Fälle notiert und mit allen involvierten Personen besprochen werden, um eine einheitliche Definition der als nosokomiale Infektionen diagnostizierten Fälle zu erreichen.

Immer wieder kommt es zu Mißverständnissen des Klinikpersonals über die Klassifikation bestimmter Patienten, die als nosokomial infiziert angesehen werden. Nicht selten sind die Ursachen dafür die unterschiedlichen

Tabelle 3.6. Unterschiedliche Aspekte bei der klinischen und epidemiologischen Diagnostik von nosokomialen Infektionen *(NI)*

Diagnostik	Ziel	Voraussetzung
Klinische Diagnostik (für die Therapie)	Optimale Behandlung des einzelnen Patienten	Optimale Beurteilung jedes Einzelfalles
Epidemiologische Diagnostik (für die Routinesurveillance)	Qualitätssicherung der Präventionsmaßnahmen	Optimale Beurteilung der Gesamtsituation (d.h. einige „wirkliche" Fälle werden nicht erfaßt, während „fälschlicherweise" andere Fälle als NI gezählt werden)

Ziele und Voraussetzungen für die klinische und epidemiologische Diagnose einer Infektion. Tabelle 3.6 erläutert diesen Unterschied.

Darüber hinaus wird immer wieder der Nachweis des „ursächlichen Zusammenhanges" (bzw. eine hohe Wahrscheinlichkeit) zwischen der Behandlung im Krankenhaus und dem Auftreten für die Beurteilung als NI gefordert. Da dieser Nachweis nur sehr selten möglich und ein entsprechender Aufwand in der Regel für die Qualitätssicherung auch nicht gerechtfertigt ist, sind derartige Definitionen für nosokomiale Infektionen nicht sinnvoll. Statt dessen steht bei der Diagnostik von NI der zeitliche Zusammenhang zwischen der medizinischen Behandlung und dem Auftreten der Infektion im Vordergrund, um zu einer weitgehend einheitlichen Diagnostik zu gelangen.

3.2.5 Durchführung der Surveillance

Surveillance sollte vorzugsweise prospektiv durchgeführt werden, nicht nur, weil dadurch schneller neue Probleme identifiziert werden können, sondern auch, weil man bei der retrospektiven Methode auf die Vollständigkeit und Genauigkeit der Patientenunterlagen angewiesen ist und keine Möglichkeit mehr besteht, den Patienten selbst zu sehen und über den Fall mit dem medizinischen Personal zu diskutieren.

Die Diagnostik der nosokomialen Infektionen muß mit ausreichender Sensitivität erfolgen, um nicht zu viele NI zu übersehen. Auf der anderen Seite müssen der erforderliche Zeitaufwand und die erforderliche Sensitivität für die Anwendung zur Qualitätssicherung in einem ausgewogenen Verhältnis stehen.

Deshalb werden häufig verschiedene *Indikatoren* für NI angewendet, um auf diese Weise für NI „suspekte" Patienten vorzuselektieren, die dann intensiver untersucht werden. Dadurch kann der Zeitaufwand für die Diagnostik erheblich reduziert werden. Pottinger et al. (Pottinger et al. 1997) haben Daten über die in verschiedenen Untersuchungen mit einem bestimmten Zeitaufwand ermittelten Sensitivitäten zusammengestellt, die im folgen-

Tabelle 3.7. Verschiedene indikatorgestützte Methoden zur Identifizierung von nosokomialen Infektionen. (Mod. nach Pottinger et al. 1997)

Selektive Untersuchung der Krankenakte auf der Basis	Sensitivität [%]	Geschätzter Zeitaufwand in h für 500 Betten pro Woche	Untersuchung
Der mikrobiologischen Befunde	77–94	23,2	Wenzel et al. 1976; Gross et al. 1980
Des Symptoms Fieber (>37,8 °C)	9–56	8	Wenzel et al. 1976; Gross et al. 1980
Einer Antibiotikatherapie	57	14,3	Wenzel et al. 1976
Des Symptoms Fieber und einer Antibiotikatherapie	70	13,4	Wenzel et al. 1976
Der Berichte des Stationspersonals, daß eine Infektion vorliegt	62	17,6	Glenister et al. 1991
Der mikrobiologischen Befunde und der Berichte des Stationspersonals, daß eine Infektion vorliegt	76–89	31,8	Glenister et al. 1991
Vorliegender Risikofaktoren für Infektionen bei den Patienten	50–89	32,4	Glenister et al. 1991
Von „sentinel sheets" (das Pflegepersonal hat das Vorliegen von Infektionsbefunden bereits gekennzeichnet)	73	30	Ford-Jones et al. 1989

den verkürzt dargestellt werden (Tabelle 3.7). Im Vergleich zu den in Tabelle 3.7 gezeigten, auf der Anwendung verschiedener Indikatoren beruhenden Verfahren wurde für die vollständige Durchsicht aller Patientenakten (in diesem Fall der „Goldstandard" der Diagnostik) eine Zeit von 35,7–53,6 h pro 500 Betten pro Woche benötigt und eine Sensitivität von 74–94% erreicht (Wenzel et al. 1976; Haley 1980).

In einer deutschen Untersuchung (Gastmeier et al. 1999) wurde festgestellt, daß auch die Kombination der Indikatoren mikrobiologischer Befund und Antibiotikagabe eine sehr gute Sensitivität von 94% verglichen mit den Ergebnissen der Goldstandard-Methode erreicht. Ein ähnliches Ergebnis von 90% Sensitivität haben auch Evans et al. (1986) für diese Indikatorkombination ermittelt. Allerdings gilt diese Sensitivität nicht für die Diagnostik von postoperativen Wundinfektionen. Hier ist auf jeden Fall die Teilnahme an der Visite bzw. Verbandsvisite anzustreben.

Für die Akzeptanz der Surveillancedaten für die Qualitätssicherung ist die Spezifität der Diagnostik von NI von mindestens ebenso großer Bedeutung, d.h. es muß vermieden werden, daß fälschlicherweise nicht nosokomiale infizierte Patienten als Patienten mit NI gezählt werden. Die Spezifi-

Tabelle 3.8. Kasuistik 1 zum Training der Diagnostik von nosokomialen Infektionen

Krankenhaustag	Symptome, Diagnostik und Therapie
1	Stationäre Aufnahme eines 46jährigen Patienten zur Entfernung einer Bakerzyste des rechten Knies Am selben Tag Entfernung der Zyste, Anlage einer Wunddrainage
2	Ziehen des Redondrains
3	Wunde o. B., Entlassung
60 Tage später	Wiederaufnahme, anamnestisch seit 1 1/2 Monaten Schmerzen im rechten Knie *Aufnahmestatus:* Fieber 39,5 °C, 25 000 Leukozyten, serös-blutige Wundsekretion, *Diagnose:* Kniegelenksphlegmone, operative Wundrevision, *Wundabstrich:* S. aureus, Beginn einer Antibiotikatherapie
Weitere 21 Tage später	Entlassung

Tabelle 3.9. Kasuistik 2 zum Training der Diagnostik von nosokomialen Infektionen

Krankenhaustag	Symptome, Diagnostik und Therapie
1	Stationäre Aufnahme eines 58jährigen Patienten mit der Diagnose einer entzündlichen Sigmastenose durch Divertikel
3	Operation: Darmteilresektion unter Erhaltung der Kontinuität, Dauer: 95 min
1. bis 3. Tag nach Op.	Intensivstation
6. Tag nach Op.	2. Operation: Diagnostische Laparotomie mit Hämatomausräumung, Dauer: 15 min
7. Tag nach Op.	Wundabstrich: kein Wachstum von Mikroorganismen
Bis zum 11. Tag nach Op.	Tägliche Wundbehandlung mit H_2O_2 und PVP-Jod-Lösung
11. Tag nach Op.	Entfernung von Teilfäden
12. Tag nach Op.	Wundabstrich: koagulasenegative Staphylokokken
17. Tag nach Op.	Wunddehiszenz: kompletter Platzbauch, Op.

tät der Diagnostik sollte vor Beginn der Surveillance bzw. periodisch, z. B. anhand von Kasuistiken, überprüft werden. Die Tabellen 3.8 und 3.9 zeigen beispielhaft 2 Kasuistiken zum Training der Diagnostik von nosokomialen Infektionen.

Nach den CDC-Definitionen ist Kasuistik Nr. 1 (s. Tabelle 3.8) als postoperative Wundinfektion einer Körperhöhle zu bewerten, denn es treffen folgende Kriterien zu:

- Isolation eines Mikroorganismus aus steril entnommener Flüssigkeitskultur (bzw. Wundabstrich) oder Gewebekultur aus einem tiefen Organ oder einer Körperhöhle, ein Abszeß oder sonstige Zeichen der Infektion sind bei der klinischen Untersuchung, während der erneuten Op., bei der histopathologischen oder radiologischen Untersuchung ersichtlich.

Das gilt, obwohl diese Infektionskriterien formal erst am 60. postoperativen Tag, zum Zeitpunkt der Wiederaufnahme, nachgewiesen wurden und somit nicht in dem nach den CDC-Definitionen geforderten Zeitraum von 30 Tagen nach Operation. Da die Beschwerden allerdings schon 1,5 Monate früher auftraten, ist es gerechtfertigt, diesen Fall als nosokomiale Infektion zu erfassen.

Nach den CDC-Definitionen ist Kasuistik Nr. 2 (s. Tabelle 3.9) nicht als postoperative Wundinfektion zu bewerten, denn ausgehend von dem Verdacht einer tiefen Wundinfektion ist keines der 4 möglichen Kriterien erfüllt:

Eitrige Sekretion aus der Tiefe der Inzision	Geht nicht aus der Kasuistik hervor
Spontan oder vom Chirurgen bewußt geöffnet, wenn der Patient Fieber (>38°C) hat und/oder lokalisierten Schmerz/Empfindlichkeit, es sei denn, es liegt eine negative Kultur vor	Spontane Dehiszenz, aber der Befund des Wundabstriches ist eher im Sinne einer Kontamination zu interpretieren, so daß man von einem negativen Kulturergebnis sprechen kann
Ein Abszeß oder sonstige Zeichen der Infektion sind bei der klinischen Untersuchung, während der erneuten Op., bei der histopathologischen oder radiologischen Untersuchung ersichtlich	Geht nicht aus der Kasuistik hervor
Diagnose des Chirurgen oder des begleitenden Arztes	Geht nicht aus der Kasuistik hervor

Für die Durchführung der Surveillance ist es nicht ausreichend, nur die NI (im Zähler) korrekt zu identifizieren, für die Berechnung der Infektionsraten müssen auch die entsprechenden Bezugszahlen (im Nenner) exakt bestimmt werden. Deshalb ist es erforderlich, auch dafür genaue Definitionen festzulegen, z. B. wie eine bestimmte Gruppe von Indikatoroperationen definiert wird.

Weil durch Surveillance v. a. Probleme und Trends identifiziert werden, sollten im Sinne der Zeiteffektivität auch nur die zu diesem Zweck erforderlichen Daten aufgezeichnet werden. Sofern ein bestimmtes Problem identifiziert wurde, können immer noch speziell für die Bearbeitung dieses Problems entwickelte, zielgerichtete weitere Untersuchungen durchgeführt werden.

3.2.6 Datenanalyse und Dateninterpretation

Obwohl in kleineren Krankenhäusern eine ausschließliche Dokumentation der Daten in Listen und Tabellen prinzipiell möglich ist, sollten die Infektionsdaten sowie die Bezugsdaten (z. B. Anzahl Patienten oder Patiententage bzw. Anzahl der Operationen) möglichst zeitnah in Computerprogramme eingegeben werden. Dadurch werden die Möglichkeiten und die Geschwindigkeit der Datenanalyse erheblich vergrößert.

Die sachgerechte Datenauswertung ist neben der Mitteilung ihrer Ergebnisse an das Klinikpersonal der wichtigste Schritt der Surveillance.

Während zeitliche Häufungen von NI selbstverständlich schnell entdeckt und ihren Ursachen nachgegangen werden muß, sollten die Intervalle für periodische Analysen und Mitteilungen an die Stationen individuell festgelegt werden.

Dabei muß einerseits beachtet werden, daß nicht zu lange zurückliegende Infektionsereignisse für die Analyse der Infektionen sicher günstig sind, andererseits sollte beachtet werden, daß die Intervalle für die Auswertungen der Ergebnisse lang genug sind, damit Häufungen nicht zufallsbedingt sind.

Nach Durchführung der Surveillance für eine bestimmte Zeitperiode ist es möglich, die endemische Infektionsrate zu ermitteln. Sie ermöglicht es, systematische Fehler durch permanent im Vergleich zu anderen Krankenhäusern erhöhte Infektionsraten zu identifizieren. Voraussetzung dafür ist jedoch, daß alle Krankenhäuser dieselben Surveillancemethoden anwenden (s. KISS-Methode Kap. 3.2.7).

Darüber hinaus ist die Kenntnis der endemischen Infektionsrate auch wertvoll, um Häufungen und Ausbrüche schnell zu erkennen.

3.2.7 Identifikation von endemisch hohen NI-Raten durch Orientierung an Referenzdaten

Voraussetzungen für die Vergleichbarkeit von NI-Raten

Die Identifikation von endemisch hohen Raten von NI ist nur möglich, wenn die zur Orientierung angewendeten Vergleichsdaten auch wirklich vergleichbar sind. Voraussetzung für die Vergleichbarkeit ist, daß
- dieselben Definitionen für NI angewendet werden,
- Methoden zur Diagnostik mit ähnlicher Sensitivität und Spezifität benutzt werden,
- die Patienten hinsichtlich ihrer prädispositionellen Faktoren vergleichbar sind,
- die Patienten hinsichtlich der expositionellen Faktoren vergleichbar sind,
- die Patienten hinsichtlich der Aufenthaltsdauer vergleichbar sind.

Um diesen Bedingungen möglichst nahe zu kommen, hat das *NNIS*-System (National Nosocomial Infections Surveillance System der CDC) verschiedene Surveillancemethoden erarbeitet, die diese Faktoren berücksichtigen. Das NNIS-System begann 1970 mit der Erfassung nosokomialer Infektionen in 19 Krankenhäusern. Nachdem zunächst mit einer krankenhausweiten Surveillance begonnen wurde, folgte bald die Konzentration auf eine Schwerpunktsurveillance in besonders risikobehafteten Bereichen (z.B. Intensivstationen, operierte Patienten, Neonatologie). Auch die Datenerfassung, der Transfer der Informationen und die Analyse wurden im Laufe der Zeit immer weiter verbessert. Für den Vergleich der Daten aus verschiedenen Krankenhäusern ist die Risikoadjustierung eine wichtige Vorraussetzung. Vom NNIS-System werden dafür Methoden der *Standardisierung* und *Stratifizierung* von Infektionsraten angewandt. Dabei bedeutet Standardisierung, daß Einflußfaktoren, die nicht Gegenstand der Untersuchung oder Analyse sind, durch epidemiologische Verfahren ausgeschaltet werden, z.B. die unterschiedliche Expositionsdauer gegenüber Devices („device": engl. für „Gerät", z.B. ZVK, maschinelle Beatmung, Harnwegskatheter). Stratifizierung bedeutet, daß durch Bildung von Untergruppen nur Daten innerhalb der jeweiligen Gruppen miteinander verglichen werden z.B. separate Darstellung der Daten für die unterschiedlichen Arten von Intensivstationen bzw. für die unterschiedlichen Op.-Arten. Aktuell beteiligen sich 276 US-amerikanische Krankenhäuser am NNIS-System. Die von den Krankenhäusern erfaßten Daten gehen als Referenzdaten in die größte Datenbank dieser Art ein und werden einmal jährlich aktualisiert im Internet veröffentlicht (http//www.cdc.gov/ncidod/hip/Surveill/nnis.htm). Da es sich hierbei aber um die Daten US-amerikanischer Krankenhäuser handelt, ist ein Vergleich für deutsche Krankenhäuser mit diesen Daten nicht ohne weiteres möglich. Um auch deutschen Krankenhäusern die Möglichkeit zu bieten, eigene Daten zur internen Qualitätssicherung mit anderen zu vergleichen, begann im Januar 1997 der Aufbau der nationalen Referenzdatenbank KISS (Krankenhaus-Infektions-Surveillance-System) mit inzwischen 91 beteiligten Krankenhäusern aus dem geamten Bundesgebiet. Die wichtigsten Komponenten des NNIS-Systems sind diejenigen für Intensivpatienten und für operierte Patienten. Diese Komponenten wurden vom deutschen Krankenhaus-Infektions-Surveillance-System übernommen. Beide Komponenten bedienen sich sowohl der Standardisierung als auch der Stratifizierung zur Vergleichbarkeit (s. Tabelle 3.10) und werden im folgenden ausführlich beschrieben:

KISS-Methode für Intensivpatienten

Hier werden nur nosokomiale Infektionen (NI) berücksichtigt, die bei der Aufnahme auf die Intensivstation weder vorhanden noch in der Inkubationsphase waren.

Die Daten werden für die wichtigsten verschiedenen Arten von Intensivstationen wie interdisziplinäre, medizinische, chirurgische, neurochirurgische, Verbrennungsstationen etc. separat analysiert. Alle nosokomialen Infektionen werden dokumentiert. Das Entscheidende ist, daß nicht nur die Inzidenzrate (Formel 3.1) und die Inzidenzdichte (Anzahl der nosokomialen Infektionen bezogen auf die Gesamtzahl der Patiententage, Formel 3.2) pro Monat berechnet werden, sondern darüber hinaus die „deviceassoziierten" Infektionsraten, d.h. die NI bezogen auf die Liegedauer von z.B. Harnwegskathetern, zentralen Venenkathetern (ZVK) und Beatmungstherapie.

Zur Begriffbestimmung: Die Inzidenzrate und die Inzidenzdichte sind in der Epidemiologie eindeutig definierte Größen. Deviceassoziierte *Inzidenz-*

Tabelle 3.10. Standardisierung und Stratifizierung zur Vergleichbarkeit der Surveillancekomponenten des KISS-Systems

Vorgehen	KISS-Komponente für Intensivpatienten	KISS-Komponente für operierte Patienten
1. Schritt zur Vergleichbarkeit	*Standardisierung* durch Bildung von „deviceassoziierten" Infektionsraten (Ausschaltung der unterschiedlichen Anwendungsdauer von expositionellen Faktoren der Patienten)	*Stratifizierung* durch separate Ratenbildung entsprechend Op.-Art und Risikofaktoren der Patienten (Berücksichtigung von prädisponierenden und expositionellen Faktoren der Patienten)
2. Schritt zur Vergleichbarkeit	*Stratifizierung* durch separate Ratenbildung für verschiedene Arten von Intensivstationen (chirurgische, medizinische, interdisziplinäre etc.; Berücksichtigung der prädisponierenden Faktoren der Patienten)	*Standardisierung* durch Berechnung eines Quotienten „beobachtete/ erwartete Wundinfektionsraten" (Ausschaltung der unterschiedlich verteilten Risikofaktoren bei den Patienten)

dichten haben definitionsgemäß als Bezugsgröße die Anzahl der Devicepatiententage. Um ausgesprochen aufwendige Ausdrucksweisen wie „harnwegskatheterassoziierte *Inzidenzdichte bei Harnwegsinfektionen*" zu umgehen, bezeichnen wir in Anlehnung an die angloamerikanische Bezeichnung „device-associated infection rate" diese als harnwegskatheterassoziierte *Harnwegsinfektionsrate*. Äquivalent: ZVK-assoziierte Sepsisrate und beatmungsassoziierte Pneumonierate.

- Beatmungsassoziierte Pneumonierate (Formel 3.4):
  Der Quotient aus allen beatmungsassoziierten nosokomialen Pneumonien und der Anzahl der Beatmungstage multipliziert mit 1000 ergibt die Anzahl der Pneumonien pro 1000 Beatmungstage.
- ZVK-assoziierte Sepsisrate:
  Der Quotient aus allen ZVK-assoziierten nosokomialen primären Sepsisfällen und der Anzahl der ZVK-Tage multipliziert mit 1000 ergibt die Anzahl primärer Sepsisfälle pro 1000 ZVK-Tage.
- Harnwegskatheterassoziierte Harnwegsinfektionsrate:
  Der Quotient aus allen Harnwegsinfektionen, die mit Harnwegskatheter assoziiert waren, und der Anzahl der Harnwegskathetertage multipliziert mit 1000 ergibt die Anzahl der Harnwegsinfektionen pro 1000 Harnwegskathetertage.

Eine Harnwegsinfektion wird dann als deviceassoziiert bezeichnet, wenn innerhalb der letzten 7 Tage vor Auftreten der Infektion ein Harnwegskatheter vorhanden war bzw. wenn ein Harnwegskatheter noch liegt. Analog gilt für die primäre Sepsis und die Pneumonie ein 48-h-Zeitraum für die Präsenz des Device vor dem Auftreten der Infektion.

Damit können unabhängig von der Anwendungsrate der Katheter oder der Beatmungstherapie in den einzelnen Intensivstationen standardisierte Infektionsraten angegeben werden, die es erlauben, spezifische hygienische Probleme im Umgang mit bestimmten invasiven Maßnahmen zu identifizieren und somit ermöglichen, gezielte Infektionskontrolle zu betreiben.

So wird z.B. nach Auswertung von 117744 Beatmungstagen in 71 Intensivstationen durch das KISS eine beatmungsassoziierte Pneumonierate (Formel 3.4) von im Mittel 12,1 angegeben, d.h. pro 1000 Beatmungstage treten 12,1 Pneumonien auf. Durch die zusätzliche Mitteilung der Werte für die 10., 25., 50., 75. und 90. Perzentile kann eine Intensivstation einen Anhalt bekommen, wo sie mit ihren stationsbezogenen Dichten in der Gesamtmenge der beteiligten Intensivstationen steht. Analog wurden pro 1000 ZVK-Tage 1,8 primäre Sepsisfälle und pro 1000 Harnwegskathetertage 3,7 Harnwegsinfektionen beobachtet.

Zusätzlich werden für die einzelnen Devices auch „Deviceanwendungsraten" (z.B. Formel 3.3) berechnet und regelmäßig veröffentlicht, da diese Raten auch wichtige Parameter für die Infektionskontrolle sein können.

Voraussetzung für diese Raten ist die Dokumentation der täglichen Deviceanwendung auf der Station. Dies erfolgt nicht patientenbezogen separat auf Dokumentationsbögen für jeden einzelnen Patienten, sondern nur stationsbezogen für die Gesamtzahl der täglich auf der Station anwesenden Patienten (Stationsmonatsliste). Somit ist es nur erforderlich, Erfassungsbögen für Patienten mit nosokomialen Infektionen anzulegen und nicht auch für nicht nosokomial infizierte Patienten.

BEISPIEL

Innerhalb einer Beobachtungsperiode von 6 Monaten wurden auf einer interdisziplinären Intensivstation 240 Patienten aufgenommen. Die Patiententage und die deviceassoziierten Patiententage wurden durch das Stationspersonal in folgender Liste (Tabelle 3.11) dokumentiert, die hier für den ersten Beobachtungsmonat teilweise aufgeführt ist:
Während der 6 Beobachtungsmonate wurden insgesamt 28 nosokomiale Infektionen beobachtet, darunter 6 deviceassoziierte Harnwegsinfektionen, 3

Tabelle 3.11. Monatsliste für die Dokumentation der Patienten- und „Devicetage"

Tag	Neu aufgenommene Patienten	Patienten insgesamt	Patienten mit Harnwegskatheter (HWK)	Patienten mit zentralem Venenkatheter (ZVK)	Patienten unter Beatmung
1.	0	6	6	6	3
2.	1	7	6	6	3
3.	1	8	7	7	3
Summe	**40**	**240**	**216**	**200**	**80**

deviceassoziierte Sepsisfälle und 13 deviceassoziierte Pneumonien (Tabelle 3.12).

Dementsprechend können für diesen Beobachtungszeitraum z.B. folgende Raten und Dichten berechnet werden:

$$\text{Inzidenz} = \frac{\text{Anzahl aller nosokomialen Infektionen}}{\text{Anzahl aller neu aufgenommenen Patienten}} \times 100 = \frac{28}{240} = 11{,}7 \tag{3.1}$$

$$\text{Inzidenzdichte} = \frac{\text{Anzahl aller nosokomialen Infektionen}}{\text{Anzahl aller Patiententage}} \times 1000 = \frac{28}{1420} = 19{,}7 \tag{3.2}$$

$$\text{Beatmungsrate} = \frac{\text{Anzahl aller Beatmungstage}}{\text{Anzahl aller Patiententage}} \times 100 = \frac{534}{1420} \times 100 = 37{,}6 \tag{3.3}$$

$$\text{Beatmungsassoziierte Pneumonierate} = \frac{\text{Anzahl Beatmungsassoziierten Pneumonien}}{\text{Anzahl Beatmungstage}}$$

$$\times 1000 = \frac{13}{534} \times 1000 = 24{,}3 \tag{3.4}$$

Somit wurde in dieser Intensivstation eine wesentlich höhere beatmungsassoziierte Pneumonierate ermittelt als im Mittel durch das KISS berechnet wurde (Vergleiche 12,1 pro 1000 Beatmungstage), während die Inzidenz im Vergleich zur Literatur eher niedrig lag und nicht auf ein Qualitätssicherungsproblem hinwies (Tabelle 3.13).

KISS-Methode für operierte Patienten

Die Krankenhäuser können entscheiden, ob sie entsprechend der Liste der Operationsarten des KISS die Patienten mit allen im jeweiligen Krankenhaus durchgeführten Operationen hinsichtlich der Entwicklung von nosokomialen Infektionen analysieren wollen oder ob sie nur Patienten mit bestimmten ausgewählten und für das Krankenhaus somit als Indikatoren dienenden Operationsarten weiterverfolgen wollen. Für alle Patienten mit postoperativen Wundinfektionen wird ein Erfassungsbogen angelegt. Außerdem werden für alle Operationen bzw. für alle durch das jeweilige Krankenhaus ausgewählte Operationen folgende Risikofaktoren dokumentiert: Wundkontaminationsklasse, Dauer der Operation und ASA-Score des Patienten. Entsprechend den Ergebnissen der früheren Untersuchungen des NNIS-Systems haben sich diese drei Risikofaktoren als besonders relevant

Tabelle 3.12. Patienten, „Devicetage", nosokomiale Infektionen *(NI)* und deviceassoziierte NI pro Surveillancemonat

Monat	Neu aufgenommene Patienten	Patienten insgesamt	Patienten mit HWK	Patienten mit ZVK	Patienten unter Beatmung	Anzahl NI	Patienten mit HWK-assoziierter HWI	Patienten mit ZVK-assoziierter Sepsis	Patienten mit beatmungs-assoziierter Pneumonie
1	40	240	216	200	80	8	2	1	2
2	46	250	228	204	95	4	0	0	3
3	42	242	220	195	92	5	1	2	2
4	34	216	199	180	90	2	0	0	1
5	38	228	205	197	93	5	2	0	3
6	40	244	214	198	84	4	1	0	2
Summe	**240**	**1420**	**1282**	**1174**	**534**	**28**	**6**	**3**	**13**

Tabelle 3.13. Vergleich der deviceassoziierten Infektionsraten des Beispiels mit den KISS-Daten

| | Deviceassoziierte Infektionsraten | | | | | | | | | | | |
| | Pneumonie | | | | Sepsis | | | | HWI | | | |
	25. Perz.	50. Perz.	75. Perz.	90. Perz.	25. Perz.	50. Perz.	75. Perz.	90. Perz.	25. Perz.	50. Perz.	75. Perz.	90. Perz.
KISS	3,8	9,5	16,8	24,2	0,6	1,3	2,5	4,0	0,5	2,4	4,8	7,8
Beispiel	24,3				2,6				4,7			

für die Entwicklung von postoperativen Wundinfektionen erwiesen. Aus diesen Erkenntnissen ist ein Risikoindex hervorgegangen, nach dem die Stratifizierung der Infektionsraten erfolgt. Den Patienten wird danach ein Risikopunkt zugeordnet, wenn für den Eingriff die Wundkontaminationsklasse kontaminiert oder septisch zutrifft, wenn die Operation länger gedauert hat als 75% der Operationen dieser Art dauern und wenn der Patient durch die Anästhesisten mit einem ASA-Score von 3, 4 oder 5 eingestuft worden ist. Dementsprechend werden durch das KISS-System auch unterschiedliche mittlere postoperative Wundinfektionsraten in Abhängigkeit von der Anzahl der bei den Patienten vorliegenden Risikofaktoren veröffentlicht. So wird bei Auswertung von 1688 Cholezystektomien bei Patienten ohne jeden Risikopunkt eine durchschnittliche Wundinfektionsrate von 1,2 pro 100 Operationen angegeben, bei der Analyse von 236 Cholezystektomien, bei denen alle drei Risikofaktoren vorlagen, ermittelte man eine Wundinfektionsrate von 5,5 (KISS-Ergebnisse 1997–1998). Auch für diese Raten werden zusätzlich Perzentilen angegeben. So ist die postoperative Wundinfektionsrate bei den Cholezystektomiepatienten ohne Risikofaktoren in 75% der Krankenhäuser kleiner als 2,3% und in 25% der Krankenhäuser größer als 2,3%. Eine ausführliche Beschreibung der Vorgehensweise findet sich in Culver et al. (Culver et al. 1991).

Die Krankenhäuser sind nicht verpflichtet, nach der Entlassung der Patienten auftretende und meist nur mit großem Aufwand zu erfassende Wundinfektionen zu registrieren, fast ein Drittel der Krankenhäuser führen allerdings eine Analyse der postoperativen Wundinfektionen auch nach der Entlassung durch.

BEISPIEL

Von der allgemeinchirurgischen Abteilung eines Krankenhauses wurden folgende Op.-Arten als Indikatoroperationen festgelegt: Herniotomien, Cholezystektomien, Appendektomien und Kolonoperationen.
Tabelle 3.14 zeigt die in den jeweiligen Risikogruppen durchgeführten Operationen und beobachtete Wundinfektionen bei Cholezystektomien innerhalb einer Beobachtungsperiode von 24 Monaten.

Tabelle 3.14. Cholezystektomien und postoperative Wundinfektionen nach Risikoindex für einen Beobachtungszeitraum von 2 Jahren

Risikoindex	Anzahl Operationen	Anzahl beobachtete Wundinfektionen
0	250	4
1	136	4
2	41	2
3	3	0
Summe	**430**	**10**

Dementsprechend kann für das Krankenhaus für jede Gruppe jeweils die Anzahl der erwarteten Wundinfektionen berechnet werden, wobei die Daten des KISS als Referenzdaten zugrunde gelegt werden.

erwartete Wundinfektionen =

$$\frac{\text{Anzahl der Operationen in der Risikogruppe} \times \text{Referenz-Wundinfektionsrate}}{100}$$

$$(3.5)$$

Dementsprechend resultieren die in Tabelle 3.15 aufgeführten erwarteten Wundinfektionen in den einzelnen Gruppen.

Somit sind bei 430 Cholezystektomien 10 Wundinfektionen beobachtet worden, erwartet wurden entsprechend den Referenzdaten 6,24 Wundinfektionen.

Dementsprechend kann die standardisierte Wundinfektionsrate (SIR) nach folgender Formel 3.6 berechnet werden:

$$\text{SIR} = \frac{\text{Anzahl aller beobachteten Wundinfektionen}}{\text{Anzahl aller erwarteten Wundinfektionen}} = \frac{10}{6,24} = 1,6 \qquad (3.6)$$

Tabelle 3.16 zeigt die Ergebnisse der in derselben Weise für die anderen Indikatoroperationen beobachteten und erwarteten Wundinfektionen sowie die Berechnung der SIR für alle ausgewählten Indikatoroperationen.

Daraus resultiert eine Gesamt-SIR für alle ausgewählten Indikatoroperationen von (40:29,53) 1,4. Sie deutet somit darauf hin, daß in diesem Krankenhaus im Vergleich zum KISS 40% mehr Wundinfektionen beobachtet wurden.

Tabelle 3.15. Erwartete Wundinfektionen nach Risikoindex für 430 Cholezystektomien, entsprechend den KISS-Raten (KISS-Ergebnisse 1997–1998)

Risikoindex	Anzahl Operationen	KISS-Rate (Referenzwundinfektionsrate)	Anzahl erwartete Wundinfektionen (Formel 3.5)
0	250	1,24	3,10
1	136	1,13	1,54
2	41	3,52	1,44
3	3	5,51	0,16
Summe	–	–	**6,24**

Tabelle 3.16. Gegenüberstellung von beobachteten und erwarteten Wundinfektionen (*WI*) für 4 ausgewählte Indikatoroperationsarten

Indikator-Op.	Cholezystektomie	Herniotomie	Appendektomie	Kolon-Op.	Summe
Beobachtete WI	10	4	12	14	40
Erwartete WI	6,24	6,73	10,52	6,04	29,53

3.2.8 Mitteilung der Daten an Ärzte und Pflegepersonal

Nach der Analyse der Daten und der Orientierung an Referenzdaten müssen die Ergebnisse denjenigen mitgeteilt werden, die in der Lage sind, die Situation zu verändern. Deshalb sollten v. a. die Chefärzte und das leitende Pflegepersonal die Ansprechpartner sein, selbstverständlich auch Hygienefachkräfte und hygienebeauftragte Ärzte.

Die Daten müssen in einer Form übermittelt werden, daß das Klinikpersonal in wenigen Minuten die Informationen aufnehmen kann. Grafische Darstellungen sind deshalb zu bevorzugen. Vor allem am Beginn der Surveillance sollten die Daten erläutert und beurteilt werden. Solange die Daten noch einen geringen Umfang haben, sollte die Interpretation zunächst sehr vorsichtig erfolgen. Bei der Mitteilung an weitere Personen muß unbedingt die Vertraulichkeit der Daten beachtet werden.

3.2.9 Problemidentifikation durch Surveillance am Beispiel der nosokomialen Harnwegsinfektionen

BEISPIEL

Während einer 8wöchigen Inzidenzerhebung wurden die nosokomialen Infektionen auf den chirurgischen Stationen von 12 verschiedenen Krankenhäusern nach CDC-Definitionen ermittelt. Die Ergebnisse dieser Surveillance wurden den beteiligten Krankenhäusern vorgestellt und anschließend diskutiert. Eingeladen zur Vorstellung waren die Kliniker der beteiligten

Stationen. Die Auswertung der Harnwegsinfektionen ergab die in Tabelle 3.17 dargestellten Daten. Die Berechnung der Infektionsdichten ist Abschnitt 3.2.7 zu entnehmen.

Bei der Vorstellung fiel den Klinikern aus Krankenhaus A die erhöhte deviceassoziierte Inzidenzdichte bei den Harnwegsinfektionen auf. Dieser Befund wurde als abteilungsbezogenes Problem artikuliert und zur Bearbeitung in den Qualitätszirkel gegeben.

Es muß erwähnt werden, daß in den Krankenhäusern A, C, J und M regelmäßig eine mikrobiologische Urindiagnostik bei katheterisierten Patienten durchgeführt wurde, in den anderen Krankenhäusern war das nicht der Fall. Wegen der erheblichen Bedeutung der Häufigkeit mikrobiologischer Untersuchungen für die Diagnostik von nosokomialen Harnwegsinfektionen ist nur ein Vergleich dieser vier Krankenhäuser untereinander möglich. Der Vergleich mit den anderen Krankenhäusern ist nicht sinnvoll.

Die Harnwegsinfektionsraten aus Tabelle 3.17 wurden für die Präsentation grafisch aufbereitet (s. Abb. 3.1). Bei alleiniger Betrachtung der Inzidenzrate liegt Krankenhaus A im Vergleich zu Krankenhaus C günstiger. Da die Deviceanwendung in Krankenhaus A aber im Vergleich zu Krankenhaus C eher gering ist, wird erst bei der Berechnung der deviceassoziierten Infektionsrate das Vorliegen eines „Ausreißerstatus" deutlich. Ähnlich verhält es sich mit Krankenhaus M.

3.2.10 Problemidentifikation durch Prävalenzuntersuchungen

In großen Krankenhäusern und bei Personalknappheit ist es häufig unmöglich, wie für Intensivpatienten und operierte Patienten vorgeschlagen, eine kontinuierliche Surveillance als Inzidenzdichte durchzuführen. Deshalb ist es sinnvoll, sich vor der Einschränkung auf einige Risikobereiche durch Prävalenzuntersuchungen einen Überblick zu verschaffen, welche Bereiche oder Stationen des Krankenhauses besonders von einer Surveillance profitieren könnten.

Prävalenzuntersuchungen sind Querschnittsuntersuchungen, d.h. daß alle Patienten einer Station oder einer Abteilung an einem bestimmten Tag untersucht werden. Diese Ergebnisse sind somit immer eine „Schnappschußaufnahme" der Situation zu einem bestimmten Zeitpunkt. Zufällige Häufungen am Untersuchungstag können zu Verzerrungen führen, die nur durch wiederholte Untersuchungen ausgeglichen werden können. Deshalb sollten erfahrungsgemäß drei bis vier wiederholte Prävalenzuntersuchungen durchgeführt werden, um eine reale Abbildung der Situation zu erhalten. Es muß auch beachtet werden, daß die Ergebnisse von Prävalenzuntersuchungen nicht unmittelbar mit Inzidenzergebnissen verglichen werden können, da Patienten mit länger dauernden NI im Vergleich zu kurz dauernden NI eine höhere Wahrscheinlichkeit haben, im Rahmen von Prävalenzuntersuchungen als Patienten mit NI erfaßt zu werden. Abbildung 3.2

Tabelle 3.17. Harnwegsinfektionsraten in den chirurgischen Stationen und Intensivstationen von insgesamt 12 Krankenhäusern

Krankenhaus	Anzahl der Patienten	Patiententage	„Devicetage"	HWI	„Device-abhängige" HWI	„Device-anwendungsrate" (vgl. Formel 3.3)	Inzidenzrate (Formel 3.1)	Harnwegskatheter-assoziierte Harnwegs-infektionsrate (vgl. Formel 3.4)
A	501	5660	615	18	15	10,9	3,6	24,4
B	505	5443	531	2	2	9,8	0,4	3,8
C	405	4985	1211	26	24	24,3	6,4	19,8
D	712	7720	752	4	4	9,7	0,6	5,3
E	349	5396	902	5	4	16,7	1,4	4,4
F	431	4362	763	5	4	17,5	1,2	5,2
G	440	3501	232	1	0	6,6	0,2	0
H	312	3011	467	1	1	15,5	0,3	2,1
J	423	5146	787	17	15	15,3	4,0	19,1
K	318	3595	635	10	8	17,7	3,1	12,6
L	269	2448	333	3	2	13,6	1,1	6,0
M	674	6037	646	23	20	10,7	3,4	31,0

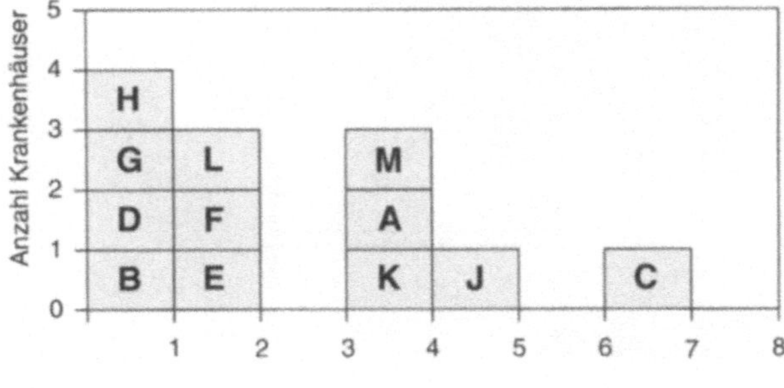

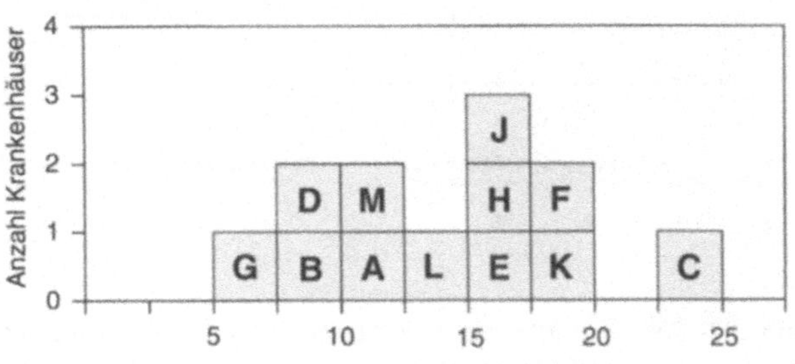

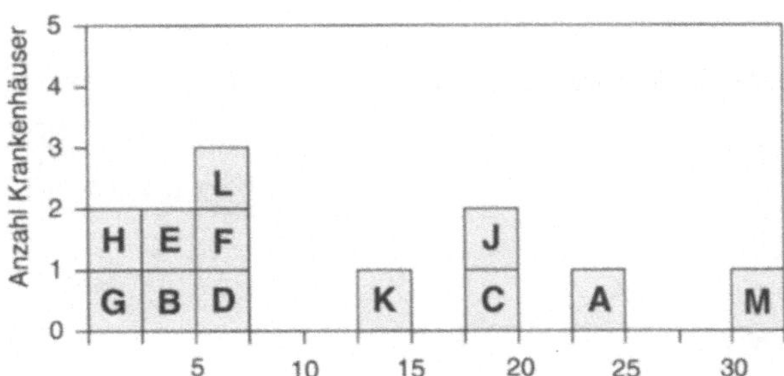

Abb. 3.1. Inzidenzrate der Harnwegsinfektionen, Harnwegskatheteranwendungsrate und harnwegskatheterassoziierte Harnwegsinfektionsrate in 12 teilnehmenden Krankenhäusern

zeigt die Möglichkeit der Dokumentation von NI in Prävalenz- und Inzidenzuntersuchungen.

Für die Prävalenzuntersuchungen sollten ebenfalls CDC-Definitionen
verwendet werden. Dabei sollte eine Infektion solange als prävalent beurteilt werden, wie Symptome vorliegen oder eine entsprechende antimikrobielle Therapie erfolgt. Dann ist die Möglichkeit gegeben, die eigenen Daten mit den in der NIDEP-Studie für internistische, chirurgische, gynäkolo-
gisch/geburtshilfliche und Intensivstationen erhobenen und für Deutschland repräsentativen Prävalenzdaten zu vergleichen (Rüden et al. 1996). Die
Prävalenzergebnisse der NIDEP-Studie für Harnwegsinfektionen einschließ-

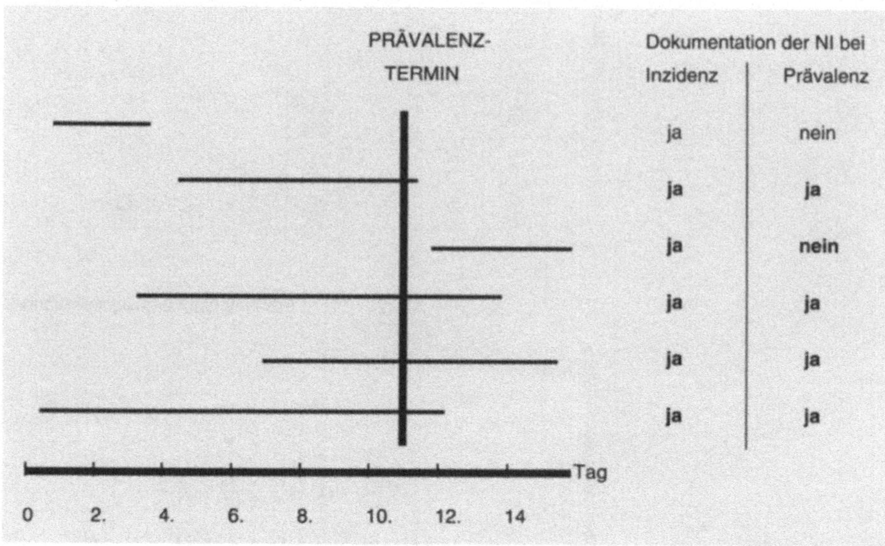

Abb. 3.2. Dokumentation von NI in Prävalenz- und Inzidenzuntersuchungen. *Waagerechte Linien* markieren Beginn und Ende einer nosokomialen Infektion. [Mod. nach Wenzel et al. (Wenzel u. Nettleman 1996)]

Tabelle 3.18. Prävalenz der Harnwegsinfektionen. (Nach Rüden et al. 1996)

Fachrichtung	Prävalenz [%]	Untere Grenze des 95%-Konfidenzintervalls [%]	Obere Grenze des 95%-Konfidenzintervalls [%]
Innere Medizin	1,6	1,2	2,0
Chirurgie	1,5	1,1	1,9
Gynäkologie/Geburtshilfe	0,9	0,6	1,4

lich der berechneten Konfidenzintervalle in den verschiedenen Fachrichtungen sind Tabelle 3.18 zu entnehmen.

Auch für andere Abteilungen können periodische Prävalenzuntersuchungen empfohlen werden. Dabei sind Beschränkungen auf ausgewählte Risikogruppen möglich, z. B. nur Prävalenz der Harnwegsinfektionen bei Patienten mit Harnwegskathetern. Neben den Schlußfolgerungen, die von der Analyse der Prävalenzdaten abgeleitet werden können, sind Prävalenzuntersuchungen auch deshalb außerordentlich wertvoll, weil sie das Problembewußtsein für nosokomiale Infektionen mit jeder Untersuchung erneut aktivieren.

In einer internistischen Abteilung mit 100 Betten werden im Abstand von jeweils 4 Wochen 3 Prävalenzuntersuchungen durchgeführt. Bei der ersten Untersuchung lag bei 4 von 95 Patienten eine Harnwegsinfektion vor, bei der zweiten hatte keiner der 92 Patienten eine Harnwegsinfektion und bei der dritten Prävalenzuntersuchung hatte nur 1 Patient von 88 eine Harnwegsinfektion. Somit betrug die durchschnittliche Prävalenz für alle drei Untersuchungen (5:275) 1,8%. Sie lag also innerhalb des in der NIDEP-Studie (Rüden et al. 1996) ermittelten Konfidenzintervalls für Harnwegsinfektionen bei Patienten der Inneren Medizin.

3.3 Untersuchung von Arbeitsabläufen

Im stationären Alltag gibt es eine Vielzahl von Tätigkeiten am Patienten, die bei unsachgemäßer Durchführung eine Infektionsgefährdung für Patienten oder Personal bedeuten können. Daher ist es wichtig, gerade diesen täglichen Arbeitsabläufen eine entsprechende Aufmerksamkeit zu schenken und sie gegebenenfalls zu optimieren. Die Durchführung dieser Arbeitsabläufe muß in der täglichen Routine vor Ort erfaßt werden, denn nur in der Alltagssituation können äußere Bedingungen, unter denen die Arbeitsschritte stattfinden, mitberücksichtigt werden.

3.3.1 Methoden der Beobachtung

Grundsätzlich muß zwischen teilnehmender und nichtteilnehmender Beobachtung unterschieden werden. Bei der teilnehmenden Beobachtung ist der Beobachter Teil des Geschehens, d. h. er arbeitet z. B. in der Stationsroutine mit, beobachtet aber zugleich die Arbeitsabläufe der Kollegen. Der Vorteil ist, daß die Anwesenheit des Beobachters von den Beobachteten als weniger störend empfunden wird. Andererseits ist der Beobachter weniger objektiv und kann sich außerdem nicht voll auf seine beobachtende Tätigkeit konzentrieren. Demgegenüber steht die nichtteilnehmende Beobachtung, bei der der Beobachter neben dem Geschehen steht. Der Vorteil dieser Form ist, daß die Beobachtung systematischer und strukturierter erfolgen kann. Beide Formen können als verdeckte oder offene Beobachtung durchgeführt werden. Bei der offenen Beobachtung ist allen Beteiligten klar, daß sie beobachtet werden. Dies hat den Nachteil, daß sie u. U. in diesem Wissen ihr Verhalten verändern. Bei der verdeckten Beobachtung gefährdet man das Vertrauen der Mitarbeiter, weil diese sich zu Recht heimlich kontrolliert fühlen. In der Regel empfiehlt sich eine nichtteilnehmende offene Beobachtung, d. h. unter Zustimmung und Kenntnis der Beobachteten. Die Beeinflussung der Handlungsabläufe durch die Anwesenheit des Beobachters nimmt mit der Dauer der Anwesenheit ab. Nach etwa drei bis vier Tagen haben sich die Mitarbeiter so an den Beobachter gewöhnt, daß sie meist zu ihren üblichen Handlungsmustern zurückkehren, sofern sie diese überhaupt verlassen haben (Maier et al. 1994).

Am besten ist es, wenn die Beobachtung strukturiert durchgeführt wird. Das bedeutet, es werden im voraus die Kriterien definiert, die erfaßt werden sollen. Diese Kriterien können in Checklisten aufgezählt werden, die dann als Beobachtungsprotokolle dienen. Dies vermindert zum einen Schwankungen zwischen verschiedenen Beobachtern und verschiedenen Zeiträumen und erleichtert außerdem die Auswertung.

Die Anzahl der beobachteten Mitarbeiter und Handlungsabläufe sollte ausreichend groß sein, weil sonst individuelle oder situationsbedingte Schwankungen das Bild verzerren können.

BEISPIEL: Beobachtung zur hygienischen Händedesinfektion auf Intensivpflegestationen

Vor Beginn der Beobachtung zur hygienischen Händedesinfektion auf Intensivpflegestationen wurde festgelegt, welche Handlungsabläufe beobachtet werden sollten und wann eine hygienische Händedesinfektion erforderlich ist. Kriterien für die Beurteilung der hygienischen Händedesinfektion wurden erstellt. Es wurde ein Dokumentationsbogen erarbeitet.

Die Stationsleitungen wurden vor Beginn der Beobachtungen über Thema und Inhalt der Studie informiert. Die Mitarbeiter auf den Stationen erhielten die Information, daß ein Mitarbeiter der Hygiene kommt, um hygienisch relevante Handlungen zu beobachten. Die genaue Zielsetzung wurde nicht genannt, um Änderungen in den Handlungsabläufen zu vermeiden (z. B. häufigere Händedesinfektion als gewöhnlich).

Im Rahmen der Beobachtungsstudie wurden folgende Faktoren ermittelt und in die Auswertung einbezogen:

- strukturelle Gegebenheiten (z. B. Anzahl der Ein-/Mehrbettzimmer, Anzahl und Lokalisation der Desinfektionsmittelspender),
- personelle Gegebenheiten (u. a. Anzahl des pflegerischen und ärztlichen Personals),
- Anzahl der Patienten während der Beobachtung inkl. Zugänge und Verlegungen, Anzahl der Beatmungspatienten,
- der 24-h-Verbrauch an Händedesinfektionsmittel.

Die Beobachtung wurde auf 8 chirurgischen Intensivpflegestationen an jeweils zwei Tagen durchgeführt. Die Beobachtungszeit betrug 4 h vor- und nachmittags. Der Beobachter begann seine Tätigkeit in der Regel mit Beginn der Frühschicht. Die Beobachtung war nicht personengebunden, sondern es wurde versucht, möglichst viele Handlungsabläufe bei verschiedenen Personen zu beobachten. Ärztliches und pflegerisches Personal wurden getrennt dokumentiert. Zur Auswertung kamen somit jeweils die Anzahl der beobachteten Tätigkeiten und die der beobachteten Personen pro Schicht.

Nach Verarbeitung der Beobachtungsdaten können diese mit bestehenden Empfehlungen und Leitlinien verglichen werden. Wenn bedeutsame Differenzen erkennbar sind, sollte zunächst nach den Ursachen gesucht werden, um dann geeignete Interventionen entwickeln zu können.

3.4 Befragung

Die Befragung des Personals ist ein sehr gutes Instrument für die Problemidentifikation, aber auch für die Problemanalyse und die Validierung von Interventionen. Befragungen sind sehr vielfältig einsetzbar und in Aufwand und Methodik sehr variabel.

Befragungen können z.B. auch zur Untersuchung von Arbeitsabläufen eingesetzt werden, insbesondere dann, wenn eine Beobachtung zu aufwendig ist oder der zu untersuchende Arbeitsablauf zu selten vorkommt. Befragungen sagen oft mehr über Kenntnisse der Befragten zu einem Vorgang aus als über wirkliche Umsetzung desselben. Zusätzlich können Befragungen aber auch ein gutes Bild über Einstellungen und Stimmungen geben. Diese Information ist oft wertvoll für eine erfolgreiche Planung einer Intervention.

Zur Planung einer Befragung muß zunächst die Zielgruppe definiert werden, die für die jeweilige Fragestellung relevant ist. Soll nur das Pflegepersonal befragt werden oder auch andere Berufsgruppen? Dann muß entschieden werden, ob alle Mitglieder dieser Zielgruppe befragt werden müssen oder ob es ausreicht, einen Teil der Zielgruppe als Stichprobe zu nehmen. Bei dieser Entscheidung fließen die Größe der Zielgruppe sowie die Komplexität der Befragung mit ein.

3.4.1 Gestaltung der Fragen

Für die Gestaltung der Fragen muß man prüfen, ob für das jeweilige Interesse eine offene Frage oder eine geschlossene Frage zu wählen ist. Bei geschlossenen Fragen können die Befragten nur zwischen vordefinierten Antworten auswählen. Offene Fragen lassen den Befragten die Wahl, in Stichwörtern oder Sätzen frei zu antworten.

Geschlossene Fragen sind schnell zu beantworten und leicht auszuwerten. Allerdings steht und fällt die Qualität der Aussagekraft mit der sorgfältigen Gestaltung der Antwortmöglichkeiten. Man muß also schon ein grobes Wissen über die wichtigsten und häufigsten Antworten haben, um geschlossene Fragen verwenden zu können. Offene Fragen eignen sich insbesondere für orientierende Befragungen, bei denen man noch wenig über die zu erwartenden Antworten weiß.

3.4.2 Quantitative und qualitative Methode

Herkömmlicherweise werden Befragungen quantitativ ausgewertet, d.h. die Häufigkeit bestimmter Antworten wird nach statistischen Methoden analysiert. Diese Methode eignet sich immer dann, wenn große Fallzahlen und einfache Antwortstrukturen auszuwerten sind. Oftmals, gerade auch im Bereich der Qualitätssicherung, kann es aber zweckmäßiger sein, sich nicht nur quantitativer, sondern auch qualitativer Methoden zu bedienen.

Bei der qualitativen Methode steht nicht die Häufigkeit von Antworten, sondern eher die Bedeutung einzelner Antworten im Vordergrund. Als Analogie kann man sich eine Diskussion vorstellen, bei der es eher darauf ankommt, wie schlüssig ein Argument ist und nicht wie oft es genannt wird. Ein schwaches Argument wird ja auch nicht dadurch stärker, daß es häufiger wiederholt wird.

Wenn es z.B. darum geht, Ursachen für die mangelnde Akzeptanz einer Maßnahme zu identifizieren, sind es nicht immer die am häufigsten genannten Antworten, die die größte Bedeutung haben. Gerade kritische und konstruktiv umsetzbare Hinweise finden sich oft eher indirekt formuliert an verschiedenen Stellen und in verschiedener Form im Interviewprotokoll. Eine statistische Auswertung wäre hier gar nicht möglich und auch nicht erstrebenswert.

Ein weiterer Aspekt qualitativer Auswertung ist, daß man auch Antworten auf Fragen bekommt, die zwar nicht gestellt wurden, die jedoch ihre Berechtigung haben. Solche wertvollen Hinweise können einem bei rein quantitativem Vorgehen leicht verlorengehen.

Je nach Zielsetzung einer Befragung ist ein qualitatives oder ein quantitatives Vorgehen zu wählen. Auch eine Kombination beider Techniken ist möglich.

BEISPIEL

Im folgenden Beispiel wurden sowohl quantitative als auch vereinfachte qualitative Methoden angewendet.

Im Krankenhaus L sollte nach zwanzigmonatiger Arbeit des Qualitätszirkels ermittelt werden, wie weit das Personal über die Tätigkeit und die Funktion des Qualitätszirkels informiert ist und welchen Themengebieten sich der Qualitätszirkel in Zukunft widmen soll. Als Zielgruppe wurde das gesamte pflegerische und ärztliche Personal gewählt. Da sich die Arbeit des Qualitätszirkels auf chirurgische und intensivmedizinische Stationen beschränkte, konnte verglichen werden, ob ein Unterschied zwischen Abteilungen mit und ohne Intervention zu erkennen ist.

Es wurden zum einen geschlossene Fragen entworfen, die sich auf den Erfolg durchgeführter Projekte des Qualitätszirkels, sowie auf bestimmte Verständnisfragen bezogen. Zum anderen wurden offene Fragen gestellt, die klären sollten, wo Mitarbeiter den größten Handlungsbedarf sehen, welche Themen sie zu bearbeiten wünschen und welche Probleme sie in der Umsetzung vorangegangener Projekte sehen.

Eine Frage mit vorgegebenen Antwortmöglichkeiten lautete z. B.: „Hat sich in ihrer täglichen Arbeit in den letzten 6 Monaten etwas geändert, das mit Krankenhaushygiene zu tun hat?" 33 Antwortbögen gingen zur Auswertung ein. Auf 13 Bögen wurde die Antwort „nein, nichts" angekreuzt und 20mal die Antwort „wenig oder viel". Wenn man die Antworten nach Abteilung auftrennt, nämlich chirurgische Abteilungen, in deren Bereich der Qualitätszirkel aktiv war, gegenüber den übrigen Abteilungen, die an den Interventionen nicht beteiligt waren, ergibt sich ein interessanter Unterschied: In der Chirurgie lauteten 11 von 12 Antworten „wenig oder viel Änderung" wohingegen auf den anderen Abteilungen 7 von 13 Antworten „nein, keine Änderung" hießen. Dieser Unterschied ist so deutlich, daß er trotz der geringen Fallzahl statistisch signifikant ist. Dieses Ergebnis kann als Hinweis dafür gewertet werden, daß die Arbeit der Qualitätszirkel nach Einschätzung der Befragten durchaus einen Effekt hatte.

Als Beispiel für offene Fragestellungen mit einer vereinfachten qualitativen Auswertungsmethode seien folgende Fragen dargestellt, die ebenfalls im Rahmen dieser Befragung gestellt wurden:

- Worin sehen Sie die größten Schwierigkeiten, Ergebnisse der Qualitätszirkel umzusetzen?
- Was sollte unternommen werden, um die Krankenhaushygiene in ihrem Bereich zu verbessern und Infektionen wirksamer zu vermeiden?

Am häufigsten wurde bei beiden Fragen das Thema Informationsfluß in der einen oder anderen Form artikuliert. Zum Teil wurden konkrete Vorschläge genannt, wie etwa Pflichtfortbildung, stärkere formale Einbeziehung des ärztlichen Personals etc.

Solche Ergebnisse können, erst recht wenn sie Kritik enthalten, eine gute Grundlage sein, um die bisherige Arbeit zu verbessern und den Bedürfnissen der Mitarbeiter anzupassen. Zugleich wird durch solche Maßnahmen den Mitarbeitern auch vermittelt, daß das Qualitätsmanagement des Krankenhauses sich für die Erfahrungen und Meinungen des Personals interessiert und darüber hinaus auch den Erfolg der eigenen Initiativen kritisch prüfen will. Dies ist ein wichtiger Aspekt, der aber erst dann zum Tragen kommt, wenn die Ergebnisse der Befragung dem Personal wieder präsentiert werden. Dazu gehört auch, daß die Konsequenzen aus den Ergebnissen öffentlich erörtert werden. Wenn die einzelnen Mitarbeiter die Erfahrung machen, daß ihre Meinung zählt, werden sie sich aktiver am Qualitätsverbesserungsprozeß beteiligen.

3.5 Analyse von Verbrauchsdaten

Auch die Analyse von hygienisch relevanten Verbrauchsdaten kann wichtige Hinweise für die Identifikation von möglichen hygienischen Problemen bringen. So werden z. B. in vielen Krankenhäusern regelmäßig die Daten zum Verbrauch von Händedesinfektionsmitteln verwendet, um Hinweise zur Durchführung der Händedesinfektion zu erhalten. Dabei sollte man den Händedesinfektionsmittelverbrauch stationsweise ermitteln und auf die Anzahl der Patientenpflegetage beziehen.

> **BEISPIEL: Analyse des Händedesinfektionsmittelverbrauchs**
>
> Für die erste Intensivstation wurden für das letzte Jahr 4338 Patiententage ermittelt. Gleichzeitig sind in dieser Station 270 l von Händedesinfektionsmittel A und 98 l von Händedesinfektionsmittel B verbraucht worden. Somit resultiert ein Verbrauch von insgesamt 368000 ml pro 4338 Patiententage, das sind 84,8 ml pro Patiententag. Geht man von einem durchschnittlichen Verbrauch von 3 ml pro Anwendung aus, sind somit auf dieser Station von allen Mitarbeitern bei einem durchschnittlichen Patienten täglich etwa 28 Händedesinfektionen durchgeführt worden.
>
> Anders sieht es auf einer zweiten Intensivstation aus: Dort kamen 4399 Patiententage zusammen, und es wurden 200 l Händedesinfektionsmittel verbraucht. Dementsprechend ergibt sich eine Menge von 45,5 ml pro Patiententag, also ca. 15 tägliche Anwendungen für die Händedesinfektion bei einem Patienten.

Selbstverständlich muß bei der Analyse derartiger Daten berücksichtigt werden, inwieweit patientenbezogene Pflege auf dieser Station möglich ist oder ob durch Lagerbestände Verzerrungen bedingt sein könnten. Desgleichen kann die Pflegebedürftigkeit der Patienten zwischen zwei Stationen unterschiedlich sein. Auch auf einer Station kann sich durch organisatorische Änderungen der Anteil stark pflegebedürftiger Patienten ändern. Außerdem muß die Anzahl des aktiven Personals auf Station berücksichtigt werden. Bei solch indirekten Schlußfolgerungen auf das Verhalten des Pflegepersonals müssen also alle Verzerrungen der Daten durch unabhängige Einflüsse („confounder") berücksichtigt werden.

3.6 Mikrobiologische Umgebungsuntersuchungen

Bei mikrobiologischen Umgebungsuntersuchungen muß zwischen Routineuntersuchungen und gezielten Untersuchungen unterschieden werden. Durch Routineumgebungsuntersuchungen wird in regelmäßigen Abständen kontrolliert, ob z. B. Desinfektionsgeräte zuverlässig funktionieren. Gezielte mikrobiologische Untersuchungen kommen erst dann zum Einsatz, wenn ein konkreter Verdacht auf eine Infektionsquelle z. B. im Rahmen einer Epidemie besteht. Aus diesem Grunde wird die gezielte mikrobiologische Untersuchung im Kap. 8 (Ausbruchsuntersuchung) behandelt.

In vielen Krankenhäusern werden routinemäßig zahlreiche kostenintensive, aber unnötige mikrobiologische Umgebungsuntersuchungen von Flächen und Gegenständen durchgeführt. Die Ergebnisse von Umgebungsuntersuchungen sind häufig nicht interpretierbar, was oft dazu führt, daß falsche Schlüsse daraus gezogen werden.

Nur wenige Bereiche in der Umgebung des Patienten kommen als Quelle für eine Infektion überhaupt in Frage; daher müssen nur wenige Gegenstände (z.B. Endoskope) regelmäßig untersucht werden. In Tabelle 3.19 sind die vom Nationalen Referenzzentrum für Krankenhaushygiene empfohlenen Routineuntersuchungen aufgeführt.

Untersuchungen, die *nicht* routinemäßig, allenfalls im Zusammenhang mit einer Ausbruchsuntersuchung durchgeführt werden sollen:

- Kontrollen der hygienischen und chirurgischen Händedesinfektion sowie der Durchführung allgemeiner hygienischer Maßnahmen,
- Kontrollen der Instrumenten- und Flächendesinfektion,
- hygienische Untersuchungen des Patientenumfeldes,
- Untersuchung von Wasser aus Anlagen der Hausinstallation, Trinkwasserbehandlungsanlagen, für Sprühlanzen und Mundduschen in zahnärztlichen Einheiten (nur bei spezieller Fragestellung, z.B. zur Aufklärung einer Legionellenepidemie auf einer Station). Routinemäßige Trinkwasseruntersuchungen zum Nachweis von Legionellen sind überflüssig, nur bei Auftreten eines oder mehrerer Fälle.

Tabelle 3.19. Routinemäßige Umgebungsuntersuchungen nach Angaben des Nationalen Referenzzentrums (NRZ) für Krankenhaushygiene

Bereich	Untersuchungen
Aufbereitung von **Endoskopiegeräten**	Arbeitskanal des Endoskops 1/4jährlich mit steriler NaCl-Lösung vor Einsatz am Patienten oder nach Aufbereitung durchspülen;
Hygienische Untersuchungen von **Wasser**	
Für die **Dialyse**: Dialysat	1/4jährlich
In Schwimm-, **Bade**-, Warmsprudel-, Therapie- und Bewegungsbecken	Alle 4 Monate
Zur Herstellung von **Arzneimitteln**	Nach Deutschem Arzneimittelbuch
Sterilisatoren	Prüfung mit Bioindikatoren vor Inbetriebnahme, nach Reparatur und 1/2jährlich bzw. alle 400 Chargen
Reinigungs- und **Desinfektionsautomaten**	Prüfung mit Bioindikatoren 1/2jährlich, vor Inbetriebnahme und nach Reparatur
Dezentrale **Dosieranlagen** für Desinfektionsmittel	Prüfung 1/2jährlich
RLT-Anlagen	Vor Inbetriebnahme, einmal jährlich (nur Op.-Räume: Luftkeim- und Luftpartikelmessungen). Außerdem nach hygienerelevanten Reparaturen

- Hygienische Untersuchungen jeder Charge von im Krankenhaus herge-stellten Arzneimitteln auf Sterilität und Pyrogenität,
- Rückstellproben von Lebensmitteln: Sie werden zwar aufbewahrt, aber nur bei Verdacht untersucht.

3.7 Erfassung der Strukturqualität

Die Erfassung der Strukturqualität eines Krankenhauses oder einer Abteilung bezieht sich auf räumliche, funktionelle und personelle Gegebenheiten. Sie sind als Einflußfaktoren bei der Umsetzung von Empfehlungen zu beachten.

Die Erhebung der Strukturqualität erfolgt in der Regel durch Begehungen der verschiedenen Abteilungen und Funktionsbereiche. Das Problem liegt v. a. in der Beurteilung der vorgefundenen Situation, denn in vielen Fällen können bestimmte Empfehlungen nicht durchgesetzt werden, weil entweder die Räumlichkeiten nicht vorhanden sind oder die Anschaffung des benötigten Inventars oder der Geräte das Krankenhausbudget überschreiten würde.

Untersuchungen zum Einfluß der räumlich-funktionellen Bedingungen auf die Infektionsprävention sind nur in begrenztem Maße vorhanden (Hübner et al. 1989), so daß häufig kontrovers diskutiert wird, welche räumlich-funktionellen Bedingungen wirklich erforderlich sind, um vom hygienischen Aspekt her unbedenklich arbeiten zu können.

Ein weiteres Kriterium der Strukturqualität sind die Menge und die Qualifikation des zur Verfügung stehenden Personals. Auch hier existieren wenige Untersuchungen (Fridkin et al. 1996), die den direkten Zusammenhang zwischen der Personalmenge und dem Auftreten von Infektionen untersucht haben, auch wenn rein logische Überlegungen vermuten lassen, daß unter den Bedingungen eines höheren Zeitfonds für die Behandlung der einzelnen Patienten hygienische Aspekte besser zu beachten sein müßten. Unstrittig – und auch immer wieder in den HICPAC-Empfehlungen (Kap. 11) erwähnt – ist der Einfluß des Ausbildungsgrades des tätigen Personals in dem zu untersuchenden Bereich auf die Infektionsprävention ebenso wie die regelmäßige Teilnahme an entsprechenden Fort- und Weiterbildungsveranstaltungen.

3.8 Fazit

Die in diesem Kapitel vorgestellten Methoden stellen natürlich nicht das ganze Repertoire dar, das zur Problemidentifikation und zur Evaluierung von Interventionen zur Verfügung steht. Die Vielfältigkeit der Informationsquellen zeigt sich jedoch schon daran, daß eine so ausgefeilte und methodisch aufwendige Maßnahme wie die Surveillance gleichberechtigt neben eher selbstverständlich erscheinenden Informationsquellen steht, wie

Tabelle 3.20. Vor- und Nachteile verschiedener Methoden zur Problemidentifikation und Evaluierung

Untersuchungsmethode	Vorteile	Nachteile
Surveillance	▪ Kontinuierlicher Prozeß. ▪ Gibt Aufschluß über die Ergebnisqualität. ▪ Erbringt die Basisdaten, die notwendig sind, um eine Epidemie identifizieren zu können.	▪ Aufwendig bzgl. Erfassung und Auswertung. ▪ „Schlechte" Ergebnisse, sagen noch nichts über die Ursachen aus."
Mikrobiologische Umgebungsuntersuchung	▪ Kann Defizite im Bereich Sterilisation und Desinfektion aufdecken und dient der Prüfung entsprechender Geräte.	▪ Wird vielerorts zu häufig und unkritisch durchgeführt. ▪ Befunde sind schwer interpretierbar.
Beobachtung von Arbeitsabläufen	▪ Die Umsetzung von Maßnahmen im Alltag kann untersucht werden. ▪ Prozeßbedingte Ursachen für schlechte Ergebnisqualität können identifiziert werden.	▪ Erhöhter Zeitaufwand. ▪ Nur geeignet für häufige Arbeiten. ▪ Mögliche Beeinflussung der Arbeitsabläufe durch die Beobachtung selbst.
Befragung/Interview	▪ Große Anzahl von Mitarbeitern kann bei relativ geringem Aufwand berücksichtigt werden. ▪ Thematisch weitgehend unbegrenzte Methode. ▪ Die Erfahrungen derjenigen, die im unmittelbaren Patientenkontakt stehen, kann erfaßt werden.	▪ Fragliche Repräsentativität der befragten Personen für das gesamte Personal. ▪ Möglicherweise antworten die Befragten so, wie sie glauben, daß es richtig ist, nicht wie wirklich gearbeitet wird (aber auch dadurch können sich wertvolle Hinweise ergeben).
Analyse von Verbrauchsdaten	▪ Relativ geringer Aufwand. ▪ Erfassung objektiver Daten.	▪ Rückschlüsse von Verbrauchsdaten auf die Prozeßqualität sind nur bedingt möglich. ▪ Eine nach Einzelposten aufgeschlüsselte Erfassung der Daten ist nicht immer möglich. ▪ Ursachen von auffälligen Verbrauchsdaten müssen in einem weiteren Arbeitsschritt untersucht werden.
Begehungen	▪ Leicht durchführbar. ▪ Gibt wertvolle Informationen über die vorhandenen technischen und personellen Ressourcen, die für die Umsetzung neuer Maßnahmen zur Verfügung stehen.	▪ Strukturqualität garantiert noch keine gute Ergebnisqualität.

Tabelle 3.20 (Fortsetzung)

Untersuchungsmethode	Vorteile	Nachteile
Beobachtungen/ Anregungen durch das Klinikpersonal selbst	▪ Kein zusätzlicher Zeitaufwand. ▪ Interventionen, die einer derartigen Problemidentifikation folgen, haben eine hohe Akzeptanz bei der Mitarbeitern. ▪ Sehr sensibel für praktische Probleme der täglichen klinischen Arbeit.	▪ Subjektive Methode zur Beurteilung der Arbeitsabläufe. ▪ „Betriebsblindheit" kann die Sensibilität einschränken. ▪ Es muß ein Arbeitsklima vorhanden sein, das Anregungen von Mitarbeitern und auch Selbstkritik fördert.

z. B. der Anregung durch das Personal. In Tabelle 3.20 werden die Vor- und Nachteile der vorgestellten Methoden nochmals zusammengefaßt. Die sachgemäße Nutzung verschiedener Methoden ist aber nur ein Aspekt. Viel wichtiger ist, daß innerhalb einer Abteilung oder Klinik ein Bewußtsein entwickelt wird, das die Verbesserung der Qualität in den Vordergrund rückt.

KAPITEL 4 Problemanalyse

4.1 Einleitung

Nachdem ein Problem entdeckt worden ist, muß untersucht werden, warum das Problem besteht. Die Methoden der Problemanalyse sind teilweise dieselben, die auch zur Problemidentifikation verwendet werden. Interviews, Anregungen vom Personal und auch Informationen zur Strukturqualität können sowohl dazu dienen, Probleme zu identifizieren, als auch ihre Ursachen zu ergründen.

Obgleich also die Methodik teilweise die gleiche ist, muß zwischen beiden Schritten klar unterschieden werden. Lösungsansätze scheitern nämlich z. T. daran, daß man glaubt, ein Problem identifiziert zu haben, ohne darüber nachzudenken, warum es überhaupt entstand.

Einige Methoden der Problemanalyse sind im wesentlichen epidemiologische Techniken. Dazu gehören die Kohortenstudie, die Fall-Kontroll-Studie und die gezielte mikrobiologische Untersuchung. Da diese Methoden am anschaulichsten mit der Erkundung eines Ausbruchs erklärt werden können, werden sie in Kap. 10 dieses Buches behandelt. Grundsätzlich sind sie jedoch auch jenseits der Ausbruchsuntersuchung fester Bestandteil des Qualitätsmanagements.

4.2 Literaturrecherche

Man darf annehmen, daß ein konkretes krankenhaushygienisches Problem mit einer hohen Wahrscheinlichkeit zuvor auch schon an anderen Krankenhäusern aufgetreten und gelöst worden ist. Wenn es gelingt, Informationen über diese Vorerfahrungen einzuholen, und diese auf die Situation im eigenen Krankenhaus gut übertragbar sind, dann kann der Aufwand für die Entwicklung eigener Analysen und Strategien deutlich reduziert werden.

Zum Teil wird man schon in Lehrbüchern und anderen Monographien Antworten auf jene Fragen finden, die ein konkretes krankenhaushygienisches Problem aufgeworfen hat. Verschiedene Lehrbücher können sich jedoch widersprechen oder nicht mehr auf dem aktuellen Stand sein. Deshalb ist es nützlich, wenn man aktuelle klinische Studien oder sonstige Primärliteratur zu Rate zieht.

Die Empfehlungen, wie sie in Kap. 9 dieses Buches dargestellt werden, fußen beispielsweise zu einem großen Teil auf Erkenntnissen der wissenschaftlichen Literatur. Aber auch für spezielle Fragestellungen, die sich nicht in entsprechenden Empfehlungen niederschlagen, finden sich oft wertvolle Hinweise in der Literatur. Diese ist jedoch dermaßen umfangreich, daß es schwer wird, Artikel zu finden, die zur Lösung der eigenen Fragestellung nützlich sind. Die populärste elektronische Datenbank für die biomedizinische Literatur ist *Medline.* Sie enthält derzeit ca. 9 Mio. Veröffentlichungen. Die meisten Bibliotheken und viele größere Krankenhäuser haben Zugang zu dieser Datenbank. Inzwischen gibt es verschiedene z.T. kostenlose Zugänge über Internet (z.B. http://www.ncbi.nlm.nih.gov/PubMed/). Eine andere sehr gute Datenbank für medizinische Recherchen ist *Embase,* sie ist jedoch weniger weit verbreitet als Medline. Der Umgang mit derartigen Datenbanken bedarf einiger grundsätzlicher Kenntnisse und Übung. Es würde sicher zu weit führen, das konkrete Vorgehen bei einer Literaturrecherche in diesem Rahmen erläutern zu wollen. Es sei deshalb empfohlen, sich anfangs von geschultem Bibliothekspersonal oder geübten Kollegen einweisen zu lassen. Dies betrifft insbesondere die Wahl der Suchbegriffe, Studientypen und den Veröffentlichungszeitraum. Zeitschriften, die nicht in einer nahegelegenen Bibliothek zur Verfügung stehen, können gegen entsprechende Gebühren per Fernleihe bestellt werden.

Die Interpretation einer Studie bedarf ebenfalls methodischer Grundkenntnisse, denn nicht jede Schlußfolgerung einer Studie läßt sich nach genauerer Betrachtung noch aufrechterhalten. Reviewartikel haben den Vorteil, daß sie die Literatur zu einem bestimmten Thema zusammenfassen und bewerten. Sie können einem so das mühsame Auswerten unzähliger Artikel ersparen. Doch auch diese Übersichtsarbeiten sind nicht immer objektiv und aktuell. (Weiterführende Literatur s. Oxman et al. 1993.)

Dieser Umstand hat die Notwendigkeit deutlich gemacht, wissenschaftliche Veröffentlichungen in einer strukturierten und klinisch umsetzbaren Art und Weise auszuwerten. Die Cochrane Collaboration ist ein Zusammenschluß verschiedener Zentren, die sich dieser Aufgabe widmen und systematische Übersichtsarbeiten in einer eigenen Datenbank, der Cochrane Library, zur Verfügung stellen. In Kürze wird diese Datenbank auch über Internet zugänglich sein (http://www.imbi.uni-freiburg.de/cochrane/). Wissenschaftlich nachgewiesene Effizienz als wesentliche Grundlage für klinisches Handeln zu machen, wird auch als „evidence based medicine" bezeichnet.

Wenn auch das Finden geeigneter Literatur schwierig sein mag, sollte man grundsätzlich annehmen, daß selbst sehr spezielle oder exotische Fragestellungen schon von anderen Autoren behandelt und veröffentlicht worden sind. Viel Zeit und Aufwand können gespart werden, wenn man diese Erkenntnisse für die Lösung der eigenen Situation umsetzen kann, das Rad also nicht neu erfinden muß.

4.3 Auskunft durch spezialisierte Zentren

In speziellen Fällen ist es schneller und effektiver, fachkundige Zentren zu einem Thema zu befragen, als selbst eine aufwendige Literaturrecherche durchzuführen.

Zum einen können die nächstgelegenen Hygieneinstitute Auskunft geben. Daneben steht das Nationale Referenzzentrum (NRZ) für Krankenhaushygiene für entsprechende Anfragen zur Verfügung. Es wird vom Hygieneinstitut der FU Berlin und vom Institut für Umweltmedizin und Krankenhaushygiene der Universität Freiburg getragen. Adressen:

- Institut für Hygiene der Freien Universität Berlin, Hindenburgdamm 27, 12203 Berlin, Tel: 0 30 / 84 45 36 80 / 81, Fax: 0 30 / 84 45 44 86
- Institut für Umweltmedizin und Krankenhaushygiene der Albert-Ludwigs-Universität Freiburg, Hugstetter Str. 55, 79106 Freiburg, Tel: 07 61 / 2 70 54 69 / 71 / 72, Fax: 07 61 / 2 70 54 85

4.4 Soll-Ist-Abgleich mit Standards und Leitlinien

Immer dann, wenn zu einem Vorgehen bereits Standards, Leitlinien oder Empfehlungen existieren (s. Kap. 11), ist es notwendig, regelmäßig zu prüfen, ob die tägliche Praxis diesen Empfehlungen entspricht. Insofern ist der Soll-Ist-Abgleich auch bereits Teil der Problemidentifikation. Die Methoden, mit denen dieser Soll-Ist-Abgleich vorgenommen wird, sind im Kapitel „Problemidentifikation" bereits genannt worden. Beispiele sind die Mitarbeiterbefragung und die Beobachtung von Arbeitsabläufen.

Wichtig ist jedoch, nicht nur die Unterschiede zwischen den Empfehlungen und der gegenwärtigen Paxis festzustellen, sondern im zweiten Schritt auch immer zu beurteilen, warum die Empfehlungen bisher nicht umgesetzt werden. Denkbar ist z. B. eine Vorgehensweise nach dem in Abb. 4.1 dargestellten Schema.

BEISPIEL

Am Beispiel des Umgangs mit zentralen Gefäßkathetern soll gezeigt werden, welche Differenzen gegenüber den Empfehlungen durch eine Befragung aufgedeckt werden konnten.

Die Ermittlung des Ist-Zustandes erfolgte anhand einer Checkliste. In Tabelle 4.1 wird die ermittelte Situation den Empfehlungen der HICPAC-Guidelines gegenübergestellt.

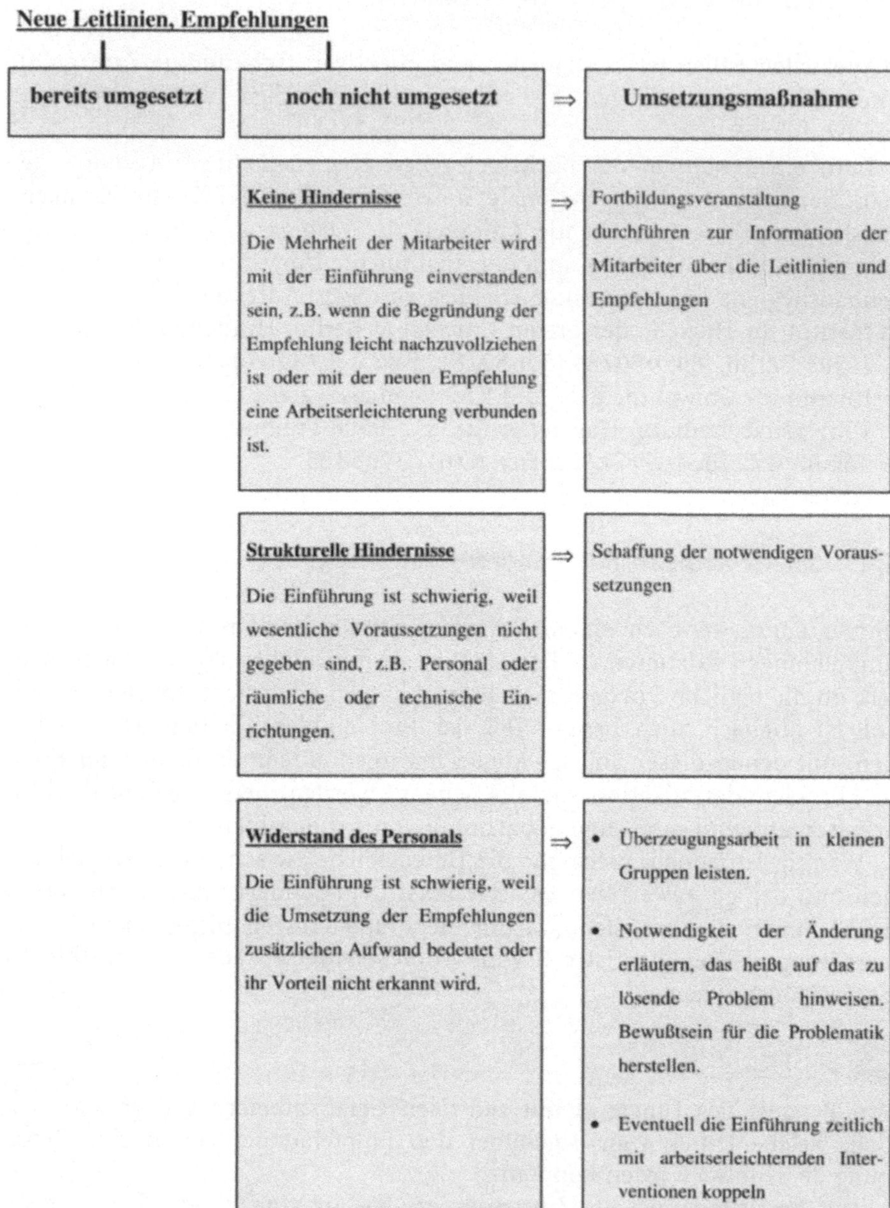

Abb. 4.1. Vorgehensweise beim Vergleich zwischen den Empfehlungen und der Realität. (Mod. nach Seto 1995)

Tabelle 4.1. Gegenüberstellung der HICPAC-Empfehlungen für Gefäßkatheter mit dem Ist-Zustand im Krankenhaus (Kategorisierungsschema s. Kap. 9.2.1)

Soll	Ist
Unterricht und Training des medizinischen Personals *(Kategorie Ia)*	Kein laufender Unterricht oder Training des medizinischen Personals bezüglich des Umgangs mit Gefäßkathetern etabliert.
Überwachung katheterassoziierter Infektionen Bestimmung von Infektionsraten, Beobachtung von Trends und Hilfestellung innerhalb der Institution bei der Infektionsprävention. Darstellung der Daten in Form von katheterassoziierten Blutstrominfektionen pro 1.000 Kathetertagen zur Erleichterung des Vergleichs mit nationalen Trends *(Kategorie Ib).*	Keine Bestimmung von Infektionsraten.
Datum und Uhrzeit der Katheteranlage sind an offensichtlicher Stelle in unmittelbarer Nähe der Einstichstelle zu vermerken *(Kategorie Ib).*	Datumsvermerk erfolgt nicht auf chirurgischen Stationen, Uhrzeit wird nie vermerkt.
Pflege der Kathetereinstichstelle Belassen des Verbandes bis zum Katheterwechsel bzw. zur Katheterentfernung oder wenn der Verband sich gelöst hat, durchnäßt oder verschmutzt ist. Bei stark schwitzenden Patienten sollte der Verband häufiger gewechselt werden *(Kategorie Ib).*	Täglicher Verbandwechsel auf 3 Stationen.
Wechsel von Überleitungssystemen Wechsel der i.v.-Schläuche einschließlich der 3-Wege-Hähne und der „piggy-backs" nicht häufiger als im 72-h-Intervall außer bei klinischer Indikation *(Kategorie Ia).*	Wechsel der Infusionssysteme nach 48 h.
Injektionsteil zum Zuspritzen von Medikamenten (Einspritzstutzen) Desinfektion der Einspritzstutzen mit 70%igem Alkohol oder 10%iger PVP-Desinfektionslösung vor der Injektion in das System *(Kategorie Ia).*	Keine Desinfektion vor Manipulation an Diskonnektionsstellen oder Einspritzstutzen.
Zubereitung und Qualitätskontrolle von Infusionslösungen und -zusätzen. **Allgemeine Maßnahmen** Zumischung aller parenteral zu verabreichenden Flüssigkeiten in der Apotheke unter Laminar-flow-Bedingungen und aseptischer Arbeitstechnik *(Kategorie Ib).*	Zumischungen erfolgen auf den Stationen.
Geschultes Personal Einteilung von im Umgang mit Gefäßzugängen speziell geschultem Personal für das Legen und die Pflege von Kathetern *(Kategorie Ib).*	Kein spezielles Personal vorhanden.
Allgemeine Maßnahmen Desinfektion der Konnektionsstelle des Katheters, bevor Systeme angeschlossen werden *(Kategorie Ib).*	Keine Desinfektion.
Spüllösungen, Antikoagulantien und andere i.v.-Zusätze Routinemäßiges Spülen von zentralen Venenverweilkathetern mit Antikoagulantien. Groshongs sollten nicht routinemäßig mit Antikoagulantien gespült werden *(Kategorie Ib).*	Routinemäßige Spülung mit physiologischer Kochsalzlösung.

4.5   Untersuchung auf Plausibilität

Vordringliches Ziel der Krankenhaushygiene ist es, nosokomiale Infektionen zu verhüten und deren Häufigkeit zu verringern. Die epidemiologischen und pathophysiologischen Mechanismen, die zur Entstehung einer Infektion führen, sind dabei je nach Infektionsart und Erreger häufig komplex. Bevor also eine Hypothese über die Ursache eines hygienischen Problems aufgestellt wird, sollte ihre Plausibilität geprüft werden.

▓ BEISPIEL

In einem Klinikum fiel eine deutliche Häufung von positiven Blutkulturen mit Candida parapsilosis auf. Während es sonst jährlich nur etwa 2–4 derartige Befunde gab, waren es in einem Zeitraum von 3 Monaten etwa 10mal so viele. Um dem Verdacht eines Ausbruchs nachzugehen, wurden auf mehreren Ebenen gleichzeitig Untersuchungen angestellt: Die Literaturrecherche sowie Erkundigungen bei verschiedenen Krankenhaushygieneinstituten ergaben, daß Ausbrüche mit Candida parapsilosis bisher noch nie beschrieben wurden, also unwahrscheinlich sind. Eine Analyse der Krankenblätter der betroffenen Patienten ergab kaum klinische Gemeinsamkeiten und auch selten Hinweise auf eine systemische Pilzinfektion. Aufgrund dieser Information erschien es bereits klinisch und pathophysiologisch wenig wahrscheinlich, daß es sich bei diesen Befunden um echte Fungämien handelte. Weitere Indizien führten letztlich zu dem Schluß, daß es sich um eine Laborkontamination handelte. Um nun herauszufinden, wie diese zustande gekommen sein könnte, wurde beobachtet, wie der Verarbeitungsprozeß der Blutkulturen verlief. Dabei wurde deutlich, daß die Laborkontamination nur während der Belüftung der Blutkulturflaschen möglich gewesen sein konnte. Recherchen ergaben, daß Candida parapsilosis natürlicherweise auf Pflanzen, aber auch an Händen vorkommt. Einerseits konnten Pflanzen innerhalb des Labors als Quelle ausgeschlossen werden, andererseits ergaben Untersuchung von Händen der Labormitarbeiter, daß diese alle kontaminiert waren. Besonders stark waren die Hände eines neuen Mitarbeiters kontaminiert, der just zu dem Zeitpunkt seine Arbeit aufnahm, zu dem die Häufung positiver Befunde begann.

Die nun offensichtliche Erklärung des Vorfalls als Pseudosepsis ist auch plausibel. Seitdem nun das Laborpersonal Handschuhe beim Belüften der Blutkulturflaschen trägt, ist kein Wachstum mit *Candida parapsilosis* mehr nachgewiesen worden. Bei falscher Deutung der Situation hätte es schnell dazu kommen können, daß auf den Stationen mit großem Aufwand vermeintliche Übertragungswege eliminiert worden wären.

4.6 Fazit

Problemanalyse ist der konsequente Schritt nach der Problemidentifikation. Geeignete Lösungen können erst dann entwickelt werden, wenn die Ursachen für das Problem hinreichend aufgeklärt worden sind. Zugleich prüft die Problemanalyse auch, ob das identifizierte Problem wirklich ein relevantes Problem ist. Das oben genannte Beispiel zeigt die Vielfältigkeit der Herangehensweisen, die zur Klärung einer solchen Situation eingesetzt werden, um am Ende zu einer sehr einfachen Lösung zu gelangen, nämlich dem Einsatz von Handschuhen beim Belüften der Blutkulturflaschen.

Kapitel 5 Intervention

5.1 Einleitung

Der nächste Schritt nach der Problemanalyse ist die Problemlösung, also die Intervention. Je konkreter das identifizierte Problem eingegrenzt werden konnte, desto zielgerichteter wird auch die dazugehörige Intervention sein. Interventionen können sowohl strukturelle als auch organisatorische Veränderungen sein. Sie können darin bestehen, im Sinne von Leitlinien oder Richtlinien Handlungsabläufe festzulegen oder auch dem Personal bestimmte krankenhaushygienische Probleme bewußt zu machen.

Nachhaltige Verbesserungen können nur erreicht werden, wenn die Notwendigkeit der Veränderung vom Personal akzeptiert wird. Im folgenden werden verschiedene Interventionsformen vorgestellt. Die strukturellen und organisatorischen Maßnahmen ergeben sich jeweils aus dem zu lösenden Problem. Einige Formen der Intervention sind als Methode universell einsetzbar und daher von der Struktur her unabhängig vom konkreten Thema. Dazu gehören Richtlinien und Leitlinien, sowie verschiedene Formen der Mitarbeiterfortbildung. Da diese universellen Maßnahmen häufig zum Einsatz kommen, ist ihnen im folgenden auch jeweils ein Abschnitt gewidmet.

5.2 Strukturelle Maßnahmen

Strukturelle Maßnahmen sind z. B. Veränderungen im baulich-technischen Bereich oder auch in der Personalstruktur. Zur Verdeutlichung sollen zwei Beispiele genannt werden, die aus den Interventionskrankenhäusern der NIDEP-Studie stammen.

BEISPIELE

Das erste Beispiel steht für eine rein technische oder auch bauliche Veränderung. Im Qualitätszirkel des Krankenhauses M wurde die Bedeutung der Händedesinfektionsmittel besprochen. Dabei kam der Einwand auf, daß es auf der Intensivstation sehr mühsam sei, sich in gebotener Häufigkeit die Hände zu desinfizieren, da in jedem Raum jeweils nur ein Händedesinfektionsmittelspender, zudem an einem ungünstigen Ort, angebracht war. Daraufhin wurde beschlossen, daß an jedes Bettende jeweils ein Händedesinfektionsmittelspender angebracht werden sollte. Die Hygienefachschwester wurde beauftragt, die Einrichtung dieser Desinfektionsmittelspender in die Wege zu leiten. Nachdem sie entsprechende Gespräche mit der Verwaltung und der Beschaffungsstelle geführt hatte, wurden die Desinfektionsmittelspender innerhalb einiger Monate angebracht.

Das zweite Beispiel stammt vom Krankenhaus D. Dort beklagte sich die Hygienefachschwester darüber, daß der Informationsaustausch mit dem Stationspersonal schwierig sei. Viele Informationen, die sie einzelnen Mitarbeitern der Station übermittelt habe, seien auf Station nicht weiter besprochen worden. Zugleich wurde problematisiert, daß sich die Hygienefachschwester nicht über die Umsetzbarkeit gewisser hygienischer Maßnahmen bewußt sei. Als ein Grund für diese Kommunikationsprobleme wurde angesehen, daß einerseits die Stationsleitung bereits durch vielfältige andere Aufgaben ausgelastet sei, daß es aber auf Station keinen anderen festen Ansprechpartner für hygienerelevante Themen gebe. Daraufhin wurden auf den Stationen jeweils eine „hygienebeauftragte Schwester" (oder ein entsprechender Pfleger) gewählt, die eine ständige Verbindung zum Hygienefachpflegepersonal aufrecht erhält. Darüber hinaus wurden regelmäßige Treffen organisiert, bei denen Erfahrungen ausgetauscht werden konnten. Zugleich wurden die Treffen genutzt, um Schulungen im Bereich der Krankenhaushygiene durchzuführen. Diese Erkenntnisse sollten die hygienebeauftragten Schwestern dann als Multiplikatorinnen in ihre Stationen hineintragen.

In beiden oben genannten Fällen kann nicht garantiert werden, daß es zu einer Verbesserung der Prozeßqualität kommt. Weder ist sichergestellt, daß die Empfehlungen zur Händedesinfektion umgesetzt werden, noch daß der Informationsaustausch zwischen Stationspersonal und Hygienefachpflegepersonal verbessert wird. Noch weniger ist bekannt, ob es durch diese Veränderungen zu einer Verbesserung der Ergebnisqualität – also etwa einer Senkung der nosokomialen Infektionsrate – gekommen ist.

Deshalb wird es auch hier notwendig sein, eine Evaluierung der Maßnahmen durchzuführen. Diese strukturellen Veränderungen haben den Vorteil, daß sie leicht erkennbar und meistens, sofern die notwendigen Ressourcen zur Verfügung stehen, auch leicht umsetzbar sind. Dies verführt allerdings auch dazu, Interventionen im Hygienemanagement auf derartige Maßnahmen zu beschränken. Der scheinbare Erfolg, z. B. an jeder Bettkante Desinfektionsmittelspender zu haben, ist keiner, wenn dieselben nicht entsprechend genutzt werden. So sollte bei der Problemanalyse immer auch geprüft werden, ob es sich wirklich um ein Problem der Strukturqualität handelt oder ob nicht vielmehr ein Problem der Ausführung, also auch der Prozeßqualität zugrunde liegt.

5.3 Organisatorische Maßnahmen

Organisatorische Maßnahmen sind all jene, die Arbeitsabläufe verändern. Es geht hier v. a. darum, die vorhandenen technischen und personellen Ressourcen effizienter zu organisieren. Dies bedeutet nicht, wie oftmals mißverstanden, daß das Personal mehr Arbeit in derselben Zeit erledigen muß. Im Gegenteil, im optimalen Falle soll das Personal von unnötiger Arbeit befreit werden, um sich so den wichtigen Tätigkeiten besser widmen zu können.

Ein Beispiel aus dem Krankenhaus L, einem kleineren Kreiskrankenhaus, soll zum einen verdeutlichen, welche Potentiale derartige Veränderungen haben können, und zum anderen darstellen, wie durch inkonsequente Umsetzung einer Maßnahme teilweise das Gegenteil vom angestrebten Ziel erreicht wird.

BEISPIEL

Im Rahmen des Qualitätszirkels kam die Arbeitsüberlastung des Pflegepersonals zur Sprache. Dabei wurde zunächst gefordert, mehr Hilfspersonal einzustellen, um zumindest das Pflegepersonal beim krankenhausinternen Transport von Betten zu entlasten. Auf genaueres Nachfragen kam heraus, daß alle Betten von entlassenen Patienten in das Tiefgeschoß in die zentrale Bettendesinfektionsanlage gebracht wurden. Der Moderator des Qualitätszirkels erstellte mit Hilfe des Hygienefachpflegers und der Verwaltung daraufhin eine grobe Kosten-Nutzen-Anlayse, die zu dem Schluß kam, daß das Haus etwa 30 DM pro Patient allein für die Desinfektion des Bettes ausgab. Zudem waren die benutzten Betten über längere Zeit blockiert, nicht nur wegen des Transportes der Betten in das Kellergeschoß, sondern auch wegen der Verweildauer der Betten in der zentralen Desinfektionsanlage.

Der Qualitätszirkel kam zu dem Schluß, daß es unnötig sei, alle Betten zu desinfizieren, und daß die Desinfektion für die wenigen Betten, für die dies notwendig ist, auch manuell durchgeführt werden kann. Die Wiederaufbereitung der Betten, ob Reinigung oder Desinfektion, so schlug der Qualitätszirkel der Klinikleitung vor, könnte demnach komplett dezentral auf den Stationen erfolgen. Die Vorteile waren offensichtlich. Der teure Betrieb der Bettendesinfektionsanlage hätte eingestellt werden können. Das Personal der Bettendesinfektionsanlage hätte dann in mobilen Teams die benutzten Betten dezentral auf den Stationen aufbereiten können. Die Betten wären so früher wieder einsetzbar gewesen, weil Bettentransport und Durchlaufzeit der zentralen Anlagen entfallen wären. Das Krankenpflegepersonal hätte Betten nicht in das Tiefgeschoß bringen müssen und hätte sich mit der gewonnenen Zeit vermehrt der direkten Patientenbetreuung widmen können. Daneben wären andere Vorteile zu nennen, wie z. B. Entlastung der Aufzugkapazitäten, ökologische Vorteile durch geringeren Strom- und Desinfektionsmittelverbrauch und dergleichen mehr.

Die Empfehlungen des Qualitätszirkels wurden jedoch nicht konsequent umgesetzt. Die Gründe hierfür waren vielschichtig. Zum Teil konnte den Mitarbeitern an der Bettendesinfektionsanlage aus psychologischen Gründen nicht zugemutet werden, auf den Stationen zu arbeiten. Als Kompromiß wurde beschlossen, nur noch bestimmte, potentiell infektiöse Betten (etwa ein Drittel) maschinell zu desinfizieren. Die anderen Betten wurden fortan manuell, allerdings im Vorraum der Desinfektionsanlage gereinigt. Die Konsequenz war, daß nun das Pflegepersonal die Betten nicht nur weiterhin in den Keller transportieren mußte, sondern zusätzlich die Betten farblich zu markieren hatte, je nachdem ob sie gereinigt oder desinfiziert werden sollen. Zudem wurde die zentrale Bettendesinfektionsanlage weiterhin in Betrieb gehalten.

Schlußendlich war kaum etwas gewonnen, außer vielleicht Einsparungen an Desinfektionsmitteln. Insbesondere das Hauptziel, nämlich die Entlastung der Pflegekräfte, wurde nicht erreicht.

Dieses Beispiel zeigt zweierlei deutlich auf: Zum einen können organisatorische Maßnahmen eine deutliche Verbesserung der Prozeß- und Ergebnisqualität bewirken, ohne das Personal mit zusätzlicher Arbeit zu belasten, wenngleich dies in unserem Beispiel nicht gelungen ist. Zum anderen sind eben diese organisatorischen Veränderungen, obwohl sie oft ohne finanzielle Investitionen auskommen, oft sehr schwer umzusetzen. Zum Teil liegt dies daran, daß verschiedene Personengruppen mit unterschiedlichen eigenen Interessen vom Sinn solcher Veränderungen überzeugt werden müssen. Diese beiden Aspekte könnte man vielleicht exemplarisch als zwei Seiten der Medaille sehen.

Wir haben bewußt dieses negative Beispiel gewählt, um die Vielschichtigkeit organisatorischer Interventionen deutlich zu machen. Viele Interventionen im organisatorischen Bereich werden jedoch weniger komplex sein und sich rasch und erfolgreich umsetzen lassen.

Standardmodelle für solche Maßnahmen gibt es nicht, sie ergeben sich aus den spezifischen Arbeitsabläufen innerhalb einer oder zwischen mehreren Abteilungen.

5.4 Leitlinien, Richtlinien und Standards

Spezielle Instrumente der Intervention im Qualitätsmanagement sind Richtlinien und Leitlinien. Sie stellen seit jeher eine der Säulen für den Erhalt hoher Prozeßqualität dar. Oftmals werden beide Begriffe irrtümlich synonym verwendet, weshalb es angebracht ist, an dieser Stelle die Unterschiede darzustellen:

Leitlinien sind Entscheidungs- oder Handlungshilfen. Sie werden typischerweise im Konsens zwischen mehreren Experten auf der Grundlage wissenschaftlicher Evidenz entwickelt. Der Weg, auf dem dieser Konsens erzielt wird, sollte auch für Außenstehende transparent sein. Leitlinien sind nicht verbindlich. In Einzelfällen muß sogar von ihnen abgewichen werden. Leitlinien sind demnach gut begründete Empfehlungen, denen nach Möglichkeit Folge geleistet werden sollte, aber nicht muß (Bundesärztekammer 1996).

BEISPIEL

Im Krankenhaus M wurden im Rahmen eines Qualitätszirkels die Empfehlungen der CDC zur Prävention von Harnwegsinfektionen vorgestellt und besprochen. Ein hinzugeladener Facharzt wurde als „Experte" zu diesem Thema gehört. Aufgrund der Empfehlungen des Facharztes und der CDC-Empfehlungen, die sich beide auf wissenschaftliche Erkenntnisse berufen, wurde beschlossen, eben jene Empfehlungen für das eigene Krankenhaus zu übernehmen. Sie wurden als Leitlinien zusammengefaßt und auf allen Abteilungen unter den Mitarbeitern diskutiert.

Richtlinien basieren meist ebenfalls auf wissenschaftlicher Evidenz und einem Konsens zwischen Experten. Im Unterschied zu Leitlinien jedoch werden Richtlinien von einer rechtlich legitimierten Institution verabschiedet und regeln das Handeln innerhalb des Rechtsraumes, für den die jeweilige Institution zuständig ist. Das Befolgen der Richtlinien ist demnach verbindlich (Bundesärztekammer 1996).

Standards haben im strengen Sinne die Verbindlichkeit von Richtlinien. Jedoch ist die Verwendung im Deutschen nicht immer konsequent, und sogenannte Standards beziehen sich oft auf weniger verbindliche Leitlinien (Schirmer 1996).

Wenn im Krankenhaus von Pflege- oder von Hygienestandards gesprochen wird, ist oft nicht klar, ob diese nur Empfehlungen im Sinne von Leitlinien sind oder ob sie die Autorität einer Richtlinie haben. So haben sogar die „Richtlinien" des RKI im juristischen Sinne lediglich eine empfehlende Funktion (Nassauer 1996). Um solche Mißverständnisse zu vermeiden, sollte innerhalb einer Klinik ein eindeutiger Sprachgebrauch eingehalten werden.

Richtlinien wie auch Leitlinien sind wichtige Interventionsmethoden in der Krankenhaushygiene. Sie vereinheitlichen Arbeitsprozesse und helfen so, Abweichungen in der Arbeitsqualität zu verhindern. Sie haben zugleich eine Referenzfunktion. Meinungsverschiedenheiten zwischen Mitarbeitern, die bestimmte Arbeitsabläufe betreffen, können durch Leitlinien und Richtlinien geklärt werden. Gerade im Krankenhaus, in dem eine Zusammenarbeit zwischen verschiedenen Berufsgruppen unverzichtbar ist, spielt dies eine wichtige Rolle. Ein weiterer Vorteil von Richtlinien und Leitlinien ist, daß sie in der Regel durch Vervielfältigung leicht unter allen Mitarbeitern bekannt zu machen sind. Zudem können sie, falls ordnungsgemäß archiviert, von jedem Mitarbeiter im Zweifelsfall nachgelesen werden.

Zu vielen Themen sind bereits validierte, also auf Effektivität geprüfte, Leitlinien von entsprechenden nationalen oder auch internationalen Gremien entwickelt worden. Diese können dann, wenn sie für die Situation in der eigenen Abteilung oder Klinik geeignet sind, übernommen werden.

Bei den Vorteilen, die Leitlinien im Hygienemanagement bieten, darf man sich nicht darüber hinwegtäuschen, daß das Erstellen von Leitlinien allein noch keine große Wirkung hat, wenn diese nicht entsprechend umgesetzt werden. Deshalb ist es wichtig, auf die geeignete Formulierung, Erläuterung, Verbreitung und Implementierung der Leitlinien zu achten (Gerlach et al. 1998).

5.5 Mitarbeiterfortbildung

5.5.1 Einleitung

Die ärztliche und krankenpflegerische Berufsausbildung ist zwar sehr umfassend, dennoch sind die wissenschaftlichen Erkenntnisse auch im krankenhaushygienischen Bereich ständig im Fluß. Zudem wird Gelerntes, das nicht ständig wiederholt oder geübt wird, rasch wieder vergessen. Der Fortbildung von Mitarbeitern kommt also eine große Bedeutung zu, wenn es darum geht, die Qualität der medizinischen oder pflegerischen Arbeit zu verbessern oder auch nur zu erhalten (Scheckler et al. 1998).

Allerdings: Erwachsene lernen v. a. das, was sie lernen wollen, und vieles, was in einer Fortbildung dargestellt wurde, wird rasch wieder vergessen, wenn es nicht in der täglichen Arbeit praktisch umsetzbar ist (Seto 1995). Es ist deshalb wichtig, den Effekt von Fortbildungsmaßnahmen nicht zu überschätzen. Ein Problem ist noch lange nicht damit gelöst, daß die „Lösung" den Mitarbeitern per Fortbildung vermittelt wird. Aber die Information der Mitarbeiter bietet die Grundlage, auf der qualitätsverbessernde Maßnahmen umgesetzt werden können. Die möglichen Formen einer Fortbildung sind vielfältig; im folgenden sollen 3 Formen dargestellt werden, die sich im Rahmen der NIDEP-2-Studie bewährt haben.

5.5.2 Vorträge

Vorträge sind die geläufigste Form der Fortbildung. Ihr Vorteil ist, daß eine große Zahl von Personen direkt erreicht werden kann. Außerdem kann sehr viel Information in relativ kurzer Zeit vermittelt werden. Allerdings ist es bei frontalen Vorträgen besonders schwierig, auf individuelle Bedürfnisse einzelner Zuhörer einzugehen. Das heißt, die vermittelnden Informationen drohen hier besonders rasch in Vergessenheit zu geraten (Hinson 1996). Wenn es das Ziel ist, alle Mitarbeiter einer Abteilung zu erreichen, stellt das Krankenhaus insofern eine besondere Situation dar, daß ein Teil der Belegschaft immer mit der Betreuung der Patienten beschäftigt ist, also niemals alle gleichzeitig erreicht werden können. Hinzu kommen Ausfälle durch Urlaub etc. Wenn es jedoch gelingt, einen Großteil der Belegschaft zu erreichen, gelangt die Information mit einer gewissen Latenz auch zu jenen, die nicht beim Vortrag anwesend waren. Im Krankenhaus M wurde eine solcher Vortrag für das gesamte Krankenhaus organisiert, nachdem der Qualitätszirkel einige Zeit aktiv war und auch schon Surveillancedaten zur Häufigkeit nosokomialer Infektionen vorhanden waren. Im Rahmen des Vortrages konnten die aktuellen Erkenntnisse und die daraus abgeleiteten Empfehlungen nochmals einer großen Zuhörerschaft präsentiert werden. Dies erzeugte bei vielen leitenden und auch nichtleitenden Angestellten Zustimmung und Aufmerksamkeit gegenüber der Qualitätszirkelarbeit in der Krankenhaushygiene.

Hiermit kommen wir zu einem weiteren Vorteil des Vortrages: Neben der fortbildenden Funktion kann ein Vortrag unter günstigen Voraussetzungen auch eine motivierende Komponente haben. Die Arbeit einzelner oder bestimmter Arbeitsgruppen wie auch Qualitätszirkel wird im ganzen Hause bekannt gemacht und erhält dadurch mehr Anerkennung.

Der Erfolg eines Vortrages hängt selbstverständlich von der Glaubwürdigkeit des Vortragenden und von der Qualität der Darstellung ab. Manche, insbesondere leitende Angestellte sind erst dann in der Lage, einem Vortragenden Gehör zu schenken, wenn dieser ein externer, wissenschaftlich hochrangiger „Experte" ist. Andererseits besteht gerade bei solchen auswärtigen Experten die Gefahr, daß sie nicht so gut auf die individuelle Situation des Krankenhauses eingehen können, weil sie diese nicht kennen. Insofern gilt es, bei der Wahl des Referenten und bei der Eingrenzung des Themas diese Aspekte sorgfältig zu bedenken.

5.5.3 Seminare

Das Seminar unterscheidet sich vom Vortrag v.a. darin, daß alle Teilnehmer, nicht nur der Dozent, aktiv an der Erarbeitung und Darstellung von Informationen beteiligt sind. Der Dozent eröffnet ein Seminar ggf. durch eine Einführung in die notwendigen Grundkenntnisse und leitet im folgenden die Teilnehmer dabei an, das gestellte Thema zu bearbeiten.

Als Einleitung eignen sich Fallbeispiele aus dem klinischen Bereich, die vom Dozenten präsentiert werden und bei den Teilnehmern das aktive Erkennen und Lösen eines gezeigten Problems erfordern. Später kann dann versucht werden, vom Fallbeispiel, falls geeignet, allgemeine Schlußfolgerungen für die tägliche Arbeit abzuleiten. Der Dozent moderiert zum einen die Beiträge der Teilnehmer und ist zusätzlich Ansprechpartner für die Klärung spezieller Sachfragen, die im Verlauf des Seminars auftauchen.

Am Ende eines Seminars steht die schriftliche Fixierung der erarbeiteten Ergebnisse. Dieses Seminarprotokoll sollte allen Teilnehmern zukommen, um als Gedankenstütze bei der Umsetzung neuer Strategien zu helfen.

■ BEISPIEL für ein Seminar

Als Beispiel soll ein Seminar beschrieben werden, das im Krankenhaus D stattgefunden hat. An diesem Seminar nahmen teil: Ärzte verschiedener Leitungsfunktionen (inkl. Chefarzt), Krankenschwestern und Pfleger, Hygieneärztin, Hygienefachschwester/-pfleger, Angestellte aus den Abteilungen Einkauf und Apotheke, sowie die Moderatorin.

Thema war der hygienische Umgang mit zentralen und peripheren Gefäßkathetern. Als Ziel sollten Strategien entwickelt werden, wie die IA- und IB-Empfehlungen zu dem bestimmten Thema (Kap. 9) am besten umgesetzt werden können.

Zu Beginn wurde in anonymisierter Weise vorgestellt, wie unterschiedliche Mitarbeiter mit Gefäßkathetern umgehen. Daraufhin wurden die CDC/HICPAC-Empfehlungen gegenübergestellt. Die Differenzen wurden besprochen, wobei die Bedeutung des Datumvermerks auf dem Verband, die Wichtigkeit standardisierter Handlungsabläufe und der Vorteil durchsichtiger Folienverbände zur Sprache kamen. Es wurde beschlossen, die Verbände nicht mehr täglich zu wechseln und außerdem durchsichtige Folienverbände anzuschaffen.

Im Krankenhaus D wurde dem ärztlichen und pflegerischen Personal klar, daß die täglichen Verbandwechsel der zentralen Zugänge keine hygienische Relevanz haben, Arbeitszeit gespart werden kann und es für die tägliche Inspektion sinnvoll ist, durchsichtige Pflaster zu verwenden. Gleichzeitig konnte in der Diskussion mit der Angestellten des Einkaufs herausgearbeitet werden, daß durch die Anschaffung von durchsichtigen Folienverbänden keine zusätzlichen Kosten entstehen, sondern vielmehr Kosten reduziert werden können, da die nicht sterilen Gazeverbände erst im hauseigenen Sterilisationsablauf aufbereitet werden.

Zum Abschluß wurde ein Videofilm über das Legen und den korrekten Umgang mit zentralen Gefäßkathetern gezeigt.

Der Vorteil eines Seminars ist, daß Teilnehmer sich aktiv an der Bearbeitung des Themas beteiligen. Die daraus erfolgenden Erkenntnisse werden eher verinnerlicht als nach einem Vortrag und haben im Idealfall, wie in diesem Beispiel, konkrete Veränderungen zur Folge. Ein Seminar sollte nicht mehr als 12–15 Teilnehmer haben, damit sich alle aktiv beteiligen können. Der Wirkungskreis eines Seminars ist deshalb recht klein. Ein weiterer Nachteil des Seminars kann in der Gruppenzusammensetzung liegen: Bei Anwesenheit der Vorgesetzten oder anderer vom Charakter her dominanter Personen sind viele Teilnehmer gehemmt, ihre Meinung frei zu äußern. Gerade hier ist es die Aufgabe des Moderators, ausgleichend einzuwirken.

5.5.4 Fortbildungsvisiten

Die Fortbildungsvisite ist im Gegensatz zum Vortrag und zum Seminar eine Form der Fortbildung, die speziell an die Situation im Krankenhaus angepaßt ist. Sie findet direkt am Krankenbett statt und hat den Vorteil, daß Techniken und Handlungsgabläufe praktisch demonstriert und geübt werden können.

Die Visiten können auch genutzt werden, um bestehende Arbeitsabläufe zu beobachten und so Probleme zu identifizieren, die vorher unbekannt waren.

Die Fortbildungsvisite bedarf einer genauen Anpassung an den alltäglichen Stationsablauf. Daher ist es sinnvoll, den Tagesablauf einer Station vorher im Gespräch mit dem Stationspersonal abzuklären und zu notieren. Je nach Interventionsziel kann sich der Dozent der Fortbildungsvisite zu dem passenden Zeitpunkt in den Stationsablauf einhaken, ohne den Routineablauf zu behindern.

Teilweise bietet sich eine reguläre Visite als Fortbildungsvisite an, da hier sowohl das pflegerische Personal als auch das ärztliche Personal die Möglichkeit hat, hygienisch relevante Probleme vor Ort zu diskutieren.

Die Fortbildungsvisite erreicht immer nur eine sehr begrenzte Zahl von Mitarbeitern und muß deshalb häufig wiederholt werden. Außerdem ist es wichtig, daß der Dozent einer Fortbildungsvisite auch wirklich praktisch mit der propagierten Methode vertraut ist.

BEISPIEL

Im Rahmen eines Qualitätszirkels im Krankenhaus D wurde das Ziel gesetzt, die Non-touch-Technik als Standardmethode für den Verbandwechsel zu etablieren. Die Technik sollte dem Pflegepersonal per Fortbildungsvisiten nähergebracht werden.

Im Vorfeld waren organisatorische Dinge zu klären, z.B. wann und wie oft eine solche Visite auf jeder Station stattfinden sollte. Zudem wurde das Vorgehen mit den Chefärzten und der Pflegedienstleitung abgesprochen.

Während der Verbandsvisite wurde dann bei verschiedenen Patienten die Non-touch-Methode demonstriert. Dabei konnten konkret die Vor- und Nachteile besprochen werden.

Nach der Fortbildungsvisite wurde eine Abschlußauswertung innerhalb des gesamten Stationspersonals durchgeführt, in der nochmals die Probleme für andere Stationsmitglieder geschildert und diskutiert wurden.

Der Zeitaufwand für diese Visite betrug ohne Vorbereitung etwa 3 h. Wenn man bedenkt, daß nur wenige Personen daran teilnehmen konnten, ist es eine sehr aufwendige Methode. Grundsätzlich ist die Fortbildungsvisite sehr zeitaufwendig und erreicht nur einen kleinen Kreis von Teilnehmern. Diese Teilnehmer können jedoch als Multiplikatoren innerhalb ihrer Station anderen Mitarbeitern die erlernten Techniken vermitteln. Fortbil-

Tabelle 5.1. Vor- und Nachteile verschiedener Interventionsformen

Interventionsform	Vorteile	Nachteile
Strukturelle Maßnahmen (grundsätzlich abhängig vom Einzelfall)	Ggf. Grundlage für erfolgreiche Prozeßqualität. Schaffen ein „greifbares" Erfolgserlebnis.	Meist mit finanziellen Investitionen verknüpft. Lenken oft von den eigentlich notwendigen organisatorischen Maßnahmen ab.
Organisatorische Maßnahmen (grundsätzlich abhängig vom Einzelfall)	Können oft kostenneutral realisiert werden. Haben großen Einfluß auf die Prozeßqualität.	Umsetzung ist oft schwierig. Oftmals ist viel Überzeugungsarbeit notwendig.
Empfehlungen/Leitlinien	Helfen, Qualitätsschwankungen gering zu halten. Erlauben individuelle Abweichung, wenn notwendig.	Die Entwicklung validierter effektiver Leitlinien ist aufwendig. Auswärtige Leitlinien sind in der eigenen Klinik nicht immer umsetzbar.
Richtlinien/Standards	Helfen, Qualitätsschwankungen gering zu halten. Sorgen für strikte Einhaltung einheitlicher Vorgehensweisen.	Wie bei Leitlinien. Erlauben kaum Abweichungen und Anpassung an individuelle Situationen.
Vorlesung	Erreicht viele Personen gleichzeitig. Geringer zeitlicher und finanzieller Aufwand.	Inhalt wird rasch vergessen. Auf individuelle Bedürfnisse der Zuhörer kann kaum eingegangen werden.
Seminar	Die aktive Beteiligung der Teilnehmer wird ermöglicht. Individuelle Bedürfnisse können berücksichtigt werden.	Wenige Personen werden erreicht. Mittlerer zeitlicher Aufwand.
Fortbildungsvisite	Spezielle Techniken können praktisch demonstriert und geübt werden. Das Erlernte wird besser in Erinnerung behalten. Die praktische Bedeutung des Erlernten wird sofort klar.	Sehr zeitintensiv. Sehr wenige Personen werden gleichzeitig erreicht.

dungsvisiten müssen mehrfach wiederholt werden, denn eingeschliffene –
wenn auch ungünstige – Techniken sind nur durch wiederholtes Üben zu
verändern.

5.6   Fazit

Wie schon erwähnt, ergeben sich die Interventionen aus den zu lösenden
Problemen. Deswegen können kaum allgemeingültige Methoden empfohlen
werden. Die angeführten Beispiele haben gezeigt, wie wichtig es ist, eine
Maßnahme bis zum Ende durchzuplanen und das Vorhaben mit allen Betroffenen abzusprechen. Andernfalls scheitert die Intervention leicht, was
zur Verschwendung von Ressourcen und zur Frustration der Mitarbeiter
führt. Zudem sollte man immer prüfen, ob die durchgeführte Intervention
tatsächlich die gewünschte Wirkung hat oder nicht.

Wir kommen somit zum nächsten Schritt im Problemlösungskreislauf,
der Evaluierung. Die Evaluierung in der Krankenhaushygiene bedient sich
weitgehend derselben Methoden wie die Problemidentifikation. Deshalb
wurden diese beiden Kapitel zusammengefaßt. Sollte sich im Rahmen der
Evaluierung ergeben, daß – negativ ausgedrückt – die Intervention noch
nicht erfolgreich ist bzw. – positiv ausgedrückt – neue Potentiale zur weiteren Verbesserung entdeckt werden, dann kann der Kreislauf, wie er einleitend beschrieben wurde, fortgesetzt werden. In Tabelle 5.1 werden Vor-
und Nachteile verschiedener Interventionsformen gegenübergestellt.

KAPITEL 6 Evaluation

Selbstverständlich muß nach Interventionen der Erfolg der durchgeführten Maßnahmen überprüft werden. Dabei sollten in der Regel dieselben Methoden verwendet werden, die auch bei der Problemidentifikation angewandt wurden, um die Ergebnisse beider Beobachtungsperioden vergleichen zu können.

Deshalb kann an dieser Stelle auf die Darstellung entsprechender Methoden verzichtet werden, da sie mit den im Kapitel „Problemidentifikation" beschriebenen Methoden identisch sind (s. Abb. 2.1).

Sofern die Intervention zu keiner Situationsverbesserung geführt hat, ist eine erneute Problemanalyse mit Einleitung entsprechender Interventionsmaßnahmen erforderlich.

KAPITEL 7 Strukturen

7.1 Einleitung

Die im folgenden beschriebenen personellen und organisatorischen Voraussetzungen für ein erfolgreiches Qualitätsmanagement sind in vielen Krankenhäusern in den letzten 20 Jahren bereits weitgehend geschaffen worden. So verfügen die meisten deutschen Krankenhäuser über Hygienefachschwestern, viele größere Krankenhäuser haben hauptamtliche Krankenhaushygieniker, die z. T. auch kleine Krankenhäuser mitberaten, viele Kliniken haben hygienebeauftragte Ärzte, und auch die Beschlüsse regelmäßig tagender Hygienekommissionen leisten in den meisten Krankenhäusern einen wichtigen Beitrag zur Prävention von nosokomialen Infektionen.

Parallel mit der Etablierung dieser Strukturen in den Krankenhäusern und der Ausbildung des entsprechenden Personals ist es zu wesentlichen Veränderungen im Gesundheitswesen gekommen.

Durch die ständige Weiterentwicklung von diagnostischen und therapeutischen Verfahren haben viele Methoden, Instrumente und Hilfsmittel, deren Bedeutung für die Entwicklung von nosokomialen Infektionen untersucht werden muß, Eingang in das Krankenhaus gefunden (z. B. mikrochirurgisches Instrumentarium, endoskopische Untersuchungsverfahren). Dafür müssen jeweils geeignete Methoden der Aufbereitung vorgeschlagen werden, um das Infektionsrisiko der Patienten nicht zu vergrößern. Auf der anderen Seite hat die Industrie auch diverse Innovationen hervorgebracht, die einen Beitrag zur Infektionsprävention leisten sollen (z. B. Chlorhexidin-Silber-imprägnierte Gefäßkatheter, Wasserfilter zur Prophylaxe von Legionelleninfektionen). Vor ihrer Einführung muß überprüft werden, ob diese Hilfsmittel für ein spezielles Krankenhaus sinnvoll sind. Hinzu kommt, daß immer mehr immunsupprimierte Patienten in den Krankenhäusern behandelt werden. Dadurch differenziert sich das Infektionsrisiko der Patienten erheblich. Maßnahmen, die für den einen Patienten völlig ungefährlich sind, können für andere Patienten ein wesentliches Infektionsrisiko darstellen.

Um entsprechend diesen unterschiedlichen Bedingungen der Patienten nicht unterschiedliche Präventionsmaßnahmen empfehlen zu müssen, wurden in der Vergangenheit überwiegend diejenigen Maßnahmen empfohlen, die bei Risikopatienten geeignet sind, Infektionen zu verhindern. Die Umsetzung dieser Empfehlungen führt dann allerdings zu hohen Kosten, die eigentlich nur für die Gruppe der Risikopatienten gerechtfertigt sind. Unter dem erheblichen Kostendruck im Gesundheitswesen müssen deshalb Empfehlungen zur Infektionsprävention gegeben werden, die evidenzbasiert den speziellen Bedingungen der einzelnen Patientengruppen gerecht werden.

Diese Entwicklungen im Gesundheitswesen haben zur Folge, daß Hygieneärzte und Hygienefachpflegekräfte sich kontinuierlich und intensiv weiterbilden müssen, um solche Empfehlungen zu geben, die sowohl nosokomiale Infektionen bei den Patienten wirkungsvoll verhindern, als auch für die Krankenhäuser ökonomisch und ökologisch sinnvoll sind. Wegen des erheblichen Umfanges der Informationen können nebenberuflich tätige hygienebeauftragte Ärzte neben der Menge der für ihr eigenes Fachgebiet zu bewältigenden Literatur dies kaum noch leisten.

Kenntnisse, um richtige und für die Bedingungen des speziellen Krankenhauses sinnvolle Empfehlungen zu geben, sind allein nicht ausreichend, eine noch wesentlichere Aufgabe ist die Umsetzung der Empfehlungen. Deshalb muß Hygienepersonal v. a. auch didaktische und organisatorische Fähigkeiten und Fertigkeiten entwickeln, um das Infektionsrisiko der Patienten wirklich zu reduzieren.

Im folgenden sollen Anforderungen an die auf dem Gebiet der Krankenhaushygiene Tätigen genannt werden. Diese Anforderungen haben wir während der NIDEP-2-Studie beim hygienischen Qualitätsmanagement in verschiedenen Krankenhäusern als besonders wesentlich beurteilt.

Dabei wurden die verschiedenen Tätigkeitsmerkmale jeweils bestimmten Personengruppen zugeordnet. Selbstverständlich kann es dabei erhebliche Variationen geben, die sich aus unterschiedlichen traditionellen, räumlichen und strukturellen Bedingungen der Krankenhäuser oder bestimmten Persönlichkeitsmerkmalen der beteiligten Mitarbeiter ergeben. Diesen Faktoren muß selbstverständlich Rechnung getragen werden, um ein erfolgreiches Qualitätsmanagement zu erreichen, d. h. die Strukturen müssen den Bedingungen für das Qualitätsmanagement in dem speziellen Krankenhaus entsprechen (Knopf 1998).

Ein wesentlicher Unterschied ist z. B. dadurch bedingt, daß große Akutkrankenhäuser in der Regel eine Gruppe von mehreren Hygienefachschwestern/-pflegern unter der fachlichen Leitung eines Krankenhaushygienikers beschäftigen. Kleine Akutkrankenhäuser, psychiatrische Kliniken und Pflegeheime haben meistens nur eine Hygienefachschwester bzw. einen Hygienefachpfleger, die dann selbstverständlich auch einige der Aufgaben des nicht kontinuierlich im Krankenhaus anwesenden Krankenhaushygienikers übernehmen müssen.

7.2　Hygienekommission

Hygienekommissionen können das hygienische Qualitätsmanagement wesentlich unterstützen, sie sind vor allem in Krankenhäusern ohne hauptamtlichen Krankenhaushygieniker sinnvoll und erforderlich.

Die für das Qualitätsmanagement wichtigsten Aufgaben sind:
- Empfehlung von Surveillanceaktivitäten für verschiedene Abteilungen oder bestimmte Infektionsarten,
- Einladung von Experten zur Analyse von komplizierteren Problemen,
- Autorisierung erarbeiteter hauseigener Leitlinien und Empfehlungen,
- organisatorische Festlegungen über alle die Hygiene betreffenden Angelegenheiten (z. B. Abfallentsorgung, Zentralsterilisation).

7.3　Krankenhaushygieniker

Bei ihm liegt die zentrale Rolle im hygienischen Qualitätsmanagement. Er oder sie hat in der Regel eine Weiterbildung zum Arzt/Ärztin für Hygiene. Die Hauptaufgabe des Krankenhaushygienikers ist es, die Diagnose, Prävention und Therapie nosokomialer Infektionen zu organisieren.

Folgende Voraussetzungen haben sich für seine Tätigkeit im Qualitätsmanagement als wesentlich erwiesen und sind in ähnlicher Weise auch in der Literatur beschrieben worden (Daschner 1997; Wenzel 1997):
- **Wesentliche fachliche Voraussetzungen für den Hygienearzt**
  - epidemiologische Kenntnisse, um Surveillancedaten fachgerecht analysieren und interpretieren zu können;
  - Kenntnisse über die Durchführung und Beurteilung von klinischen Studien, um das Krankenhauspersonal über die Wertigkeit neuer Studien für die Umsetzung im eigenen Krankenhaus sinnvoll beraten zu können;
  - ökonomische und ökologische Kenntnisse, um im Sinne von Kosten-Nutzen-Analysen die Krankenhausleitung fachgerecht beraten zu können.
- **Managementkenntnisse**
  - Kenntnis der Entscheidungsstrukturen des Krankenhauses;
  - Organisation und Durchsetzung der Surveillance;
  - Durchführung von Ausbruchsuntersuchungen;
  - Entwicklung von krankenhauseigenen bzw. klinikspezifischen Leitlinien und Empfehlungen für die Infektionsprävention;
  - Fähigkeit zur Darstellung der Arbeit des Hygienefachpflegepersonals innerhalb des Krankenhauses.
- **Didaktische und kommunikative Fähigkeiten**
  - Durchführung von Fortbildungen, Seminaren, Qualitätszirkeln;
  - kontinuierliche Fortbildung der hygienebeauftragten Ärzte des Krankenhauses;
  - Leitung des Hygieneteams des Krankenhauses.

Tabelle 7.1. Durchschnittliche wöchentliche Arbeitszeit für verschiedene Tätigkeiten des Krankenhaushygienikers im Rahmen des hygienischen Qualitätsmanagements (nur in den chirurgischen Stationen und Intensivstationen der NIDEP-2-Krankenhäuser)

Tätigkeit	Durchschnittliche Zeit [h pro Woche]
Problemidentifikation und Evaluation der Umsetzung (Durchführung der Surveillance und Datenanalyse, Kontakt mit Stationspersonal zur Aufnahme von Anregungen, Untersuchung von Arbeitsabläufen und Befragung)	4–6
Problemanalyse (Vergleich mit Leitlinien und Empfehlungen, Berücksichtigung neuer Literatur, Kontakt zu Experten, Durchführung gezielter mikrobiologischer Untersuchungen)	4–6
Interventionsmaßnahmen (Erarbeitung von hauseigenen Leitlinien und Empfehlungen, Vorbereitung und Durchführung von Fortbildungen, Seminaren, Qualitätszirkeln Fortbildungsvisiten)	6–8
Organisatorisches und fachliches Management (Teilnahme an Arbeitsbesprechungen, Kontakt zu anderen Abteilungen, andere organisatorische Aufgaben)	2–4

Entsprechende Voraussetzungen für das erfolgreiche Qualitätsmanagement sind demzufolge regelmäßige Anwesenheitszeiten vor Ort und ständige Erreichbarkeit auch bei Notfällen.

Unter den Voraussetzungen der NIDEP-2-Studie [Beschränkung auf das Qualitätsmanagement in der Chirurgie und Intensivtherapie von mittelgroßen Akutkrankenhäusern (200–600 Betten)] wurden für die wesentlichen Arbeitsgebiete die durchschnittlichen wöchentlichen Arbeitszeiten ermittelt und in Tabelle 7.1 zusammengestellt.

Sofern das Krankenhaus einen speziellen Qualitätsmanagementbeauftragten beschäftigt, empfiehlt es sich selbstverständlich, engen Kontakt zu halten, da viele Aktivitäten koordiniert oder konzentriert werden können und müssen. Auch zum medizinischen Mikrobiologen (und Virologen) des Krankenhauses ist ein enger Kontakt unabdingbar, da die mikrobiologischen Befunde eine wichtige Ausgangsinformation für die Surveillance liefern und bei der Erkennung und Aufklärung von Ausbrüchen wesentlich sind.

7.4 Hygienefachschwester/-pfleger

Hygienefachschwestern/-pfleger müssen als Voraussetzungen für ihre Tätigkeit auf dem Gebiet des Qualitätsmanagements genügend klinische Erfahrung und Autorität unter den Kollegen und bei der Krankenhausleitung einbringen können.

Darüber hinaus sind folgende Voraussetzungen für das Qualitätsmanagement erforderlich:

- **Wesentliche fachliche Voraussetzungen**
  - Kenntnisse über epidemiologische Prinzipien und Infektionskrankheiten;
  - Kenntnisse über Mikroorganismen und ihre Übertragungswege;
  - Kenntnisse und Erfahrungen in der Patientenpflege.
- **Managementkenntnisse**
  - Kooperation mit den Stationen bei der Durchführung der Surveillance;
  - Mitarbeit bei der Durchführung von Ausbruchsuntersuchungen;
  - Mitarbeit bei der Entwicklung von krankenhauseigenen bzw. klinikspezifischen Leitlinien und Empfehlungen für die Infektionsprävention.
- **Didaktische und kommunikative Fähigkeiten**
  - Durchführung von Fortbildungen, Seminaren, Qualitätszirkeln;
  - kontinuierliche Fortbildung der hygienebeauftragten Schwestern des Krankenhauses.

In Analogie zu den bei den Krankenhaushygienikern genannten Zeiten für das Qualitätsmanagement auf den chirurgischen und Intensivstationen eines Krankenhauses wurden auch für das Hygienefachpflegepersonal die durchschnittlichen wöchentlichen Arbeitszeiten für die einzelnen Aufgabengebiete in Tabelle 7.2 zusammengestellt.

Ein erfolgreiches hygienisches Qualitätsmanagement ist demzufolge nur durch Beschäftigung von hauptamtlichen Hygienefachschwestern/-pflegern zu erreichen.

Tabelle 7.2. Durchschnittliche wöchentliche Arbeitszeit für verschiedene Tätigkeiten der Hygienefachschwestern/-pfleger im Rahmen des hygienischen Qualitätsmanagements (nur in den chirurgischen und Intensivstationen der NIDEP-2-Krankenhäuser)

Tätigkeit	Durchschnittliche Zeit [h pro Woche]
Problemidentifikation und Evaluation der Umsetzung (Unterstützung der Surveillance, Datenanalyse, -interpretation, Kontakt mit Stationspersonal zur Aufnahme von Anregungen, Untersuchung von Arbeitsabläufen und Befragung)	8–12
Problemanalyse (Vergleich mit Leitlinien und Empfehlungen, Berücksichtigung neuer Literatur, Kontakt zu Experten, Durchführung gezielter mikrobiologischer Untersuchungen)	4–6
Interventionsmaßnahmen (Erarbeitung von hauseigenen Leitlinien und Empfehlungen, Vorbereitung und Durchführung von Fortbildungen, Seminaren, Qualitätszirkeln, Fortbildungsvisiten)	6–8
Organisatorisches und fachliches Management (Teilnahme an Arbeitsbesprechungen, Kontakt zu anderen Abteilungen, andere organisatorische Aufgaben)	2–4

Sofern das Krankenhaus über eine Krankenpflegeschule verfügt, sollten Hygienefachschwestern und -pfleger dort aktiv in Unterrichtsanteile zum Thema Prävention nosokomialer Infektionen eingebunden werden, um widersprüchliche Informationen innerhalb des Krankenhauses von Anfang an zu vermeiden.

Nach Haley et al. ist das Qualitätsmanagement bei der Prävention von nosokomialen Infektionen das einzige Qualitätssicherungsprogramm im Krankenhaus, das seine Effektivität bereits nachweisen konnte (Wenzel u. Pfaller 1991). Während nach den Ergebnissen der SENIC-Studie in den Krankenhäusern, in denen Surveillance durchgeführt wurde und deren Ergebnisse an die Kliniker zurückgemeldet wurden, eine 32%ige Reduktion der Infektionsraten zu beobachten war und in Krankenhäusern mit einem Infektionsmanagementprogramm ohne Surveillance zumindest noch eine 6%ige Reduktion zu registrieren war, wurde für die Gruppe der Krankenhäuser ohne krankenhaushygienisches Management im selben Zeitraum ein Anstieg der Infektionsraten um 18% festgestellt (Haley et al. 1985).

Weil Krankenhaushygiene allerdings nicht direkt zu Einnahmen für das Krankenhaus führt, ist es teilweise schwer – gerade auch unter dem Aspekt des erhöhten Kostendruckes –, die Krankenhausleitung zu überzeugen, zusätzliches Hygienefachpersonal zu beschäftigen. Leider wurden auch nur wenige Untersuchungen zur Kosten-Nutzen-Effektivität der Infektionspräventionsmaßnahmen durchgeführt. Aus Deutschland liegen uns keine dementsprechenden Untersuchungsergebnisse vor. In einer nationalen Untersuchung für die USA konnten Haley et al. zeigen, daß sogar eine geringe Reduktion der nosokomialen Infektionen um nur 6% unter amerikanischen Bedingungen ausreicht, um die jährlichen Kosten für die Krankenhaushygiene zu decken (Haley et al. 1985, 1987). Bei darüber hinaus gehenden Reduktionen der nosokomialen Infektionsrate führt das hygienische Qualitätsmanagement zu Einsparungen für das Krankenhaus. Tabelle 7.3 zeigt diese amerikanischen Daten.

Selbstverständlich sind diese amerikanischen Daten nicht ohne weiteres auf deutsche Verhältnisse zu übertragen, dazu gibt es zu viele Unterschiede in den Gesundheitssystemen, und es sind auch viele Jahre seit der Durch-

Tabelle 7.3. Jährlich geschätzte Ausgaben und Einsparungen für bzw. durch die Krankenhaushygiene in einem 250-Betten-Krankenhaus (in US-$, 1985). (Nach Haley et al. 1987)

Ersparnis/Kosten	Reduktion nosokomialer Infektionen		
	6%	32%	50%
Patienten, bei denen eine NI verhindert wurde	42	168	262
Vermiedene zusätzliche Krankenhaustage	160	640	1 000
Vermiedene Krankenhauskosten	60 000	320 000	500 000
Kosten für die Krankenhaushygiene	60 000	60 000	60 000
Nettoeinsparungen für das Krankenhaus	0	260 000	440 000

führung der SENIC-Studie vergangen. Unter heutigen Bedingungen muß es allerdings bereits als Erfolg angesehen werden, wenn trotz ungünstigerer prädisponierender und exponierender Faktoren bei den Patienten kein Anstieg der nosokomialen Infektionsraten zu beobachten ist.

7.5 Hygienebeauftragte Ärzte

Die Funktion der hygienebeauftragten Ärzte hängt davon ab, ob es einen hauptamtlichen Krankenhaushygieniker gibt.

Wenn das der Fall ist, sind die hygienebeauftragten Ärzte v.a. Ansprechpartner für die speziellen Probleme der verschiedenen Kliniken eines Krankenhauses. Sie sollen
- spezielle krankenhaushygienische Probleme der Klinik erkennen bzw. das Hygienepersonal dabei unterstützen,
- bei der Analyse der Ursachen helfen, v.a. auch die Ursachen für die Nichtbeachtung verschiedener Empfehlungen erklären und
- eine aktive Rolle bei den erforderlichen Interventionsmaßnahmen wahrnehmen.

Sie bringen dabei ihr Wissen über die besonderen Bedingungen der jeweiligen Kliniken für das Qualitätsmanagement ein.

Sofern das Krankenhaus keinen hauptamtlichen Krankenhaushygieniker beschäftigt, kommt den hygienebeauftragten Ärzten eine besonders aktive Rolle zu, denn in diesen Fällen sind sie die wichtigsten Ansprechpartner für das Hygienefachpflegepersonal im Krankenhaus.

7.6 Hygienebeauftragte Schwestern/Pfleger („link nurses")

Hygienebeauftragte Schwestern/Pfleger wurden bereits im Beispiel in Kap. 5.2 erwähnt, an dieser Stelle soll ihre Bedeutung als struktureller Bestandteil im Hygienemanagement hervorgehoben werden. In England werden hygienebeauftragte Schwestern/Pfleger als „link nurses" bezeichnet. Sie spielen dort seit einigen Jahren erfolgreich eine gestaltende Rolle in der Krankenhaushygiene (Teare u. Peacock 1996).

Im einzelnen werden ihnen folgende Aufgaben zugeordnet:
- Verbindung zwischen Stationspersonal und Hygienepersonal,
- Identifizierung von Infektionsproblemen,
- Unterstützung von Interventionsmaßnahmen,
- Unterstützung der Surveillance.

7.7 Qualitätszirkel

7.7.1 Einleitung

Qualitätszirkel wurden in Deutschland erst Anfang der neunziger Jahre in die Medizin eingeführt. Die Vorstellungen darüber, was Qualitätszirkel leisten können und wie sie durchzuführen sind, gehen aber sehr weit auseinander.

Eine einheitliche Definition der „Qualitätszirkel" existiert nicht (Deppe 1996). Eine pragmatische Definition findet sich bei Schubert (Schubert 1989): „Ein Qualitätszirkel ist eine zielorientiert arbeitende Gruppe von Mitarbeitern, die ihr eigenes arbeitsspezifisches Wissen und ihre Erfahrungen freiwillig einbringen, um Themen der eigenen Arbeit zu besprechen und durch selbstentwickelte Lösungen Produkt- und Arbeitsqualität verbessern zu helfen sowie zu ihrer Selbstverwirklichung und Arbeitszufriedenheit beizutragen."

Gerade in der Krankenhaushygiene wurde bislang häufig mittels externer Kontrollen und (z.T. wenig praxisrelevanter) Richtlinien versucht, „Qualität" zu erreichen. Dabei war das Vorgehen der Krankenhaushygiene gegenüber den klinisch tätigen Ärzten und Schwestern teilweise eher unkooperativ. Dementsprechend schwierig war es, Erkenntnisse der Krankenhaushygiene in den klinischen Alltag einzuführen.

Der Qualitätszirkel ist ein geeignetes Instrument, diese eingefahrenen Strukturen zu durchbrechen und das ärztliche und pflegerische Personal aktiv in die Prävention nosokomialer Infektionen einzubeziehen.

Im Rahmen der NIDEP-2-Studie wurde versucht, den Qualitätszirkel als festen Bestandteil im Hygienemanagement zu etablieren. Je nach den bereits bestehenden Strukturen der Krankenhäuser erhielten die Qualitätszirkel unterschiedliche Ausprägungen. Dies ist durchaus im Sinne der Grundidee des Qualitätsmanagements: Die Institutionen und Instrumente der Intervention sollen sich weitestgehend an die vorherrschende Situation anpassen. Gerade der Qualitätszirkel als ein freiwilliges Zusammentreffen von Mitarbeitern wird je nach Zusammensetzung der Teilnehmer und je nach vorherrschender Situation im Krankenhaus sehr unterschiedlich aussehen. Die Erfahrungen der NIDEP-2-Studie bestätigten dies sehr deutlich. Während der Qualitätszirkel in einem Krankenhaus thematisch und methodisch relativ unabhängig von äußeren Anleitungen agierte, enthielten die Sitzungen anderer Qualitätszirkel immer auch eine eher fortbildungsorientierte Komponente. Dieses zeigt die Vielfältigkeit auf, die der Qualitätszirkel bieten kann.

7.7.2 Grundlagen für Qualitätszirkel

Wichtig ist die Anerkennung und Förderung der Interventionsarbeit durch die Führungsebene eines Krankenhauses, d.h. der Chefärzte, Pflegedienst- und Verwaltungsleitung.

7.7.3 Leitung der Qualitätszirkel

Die Qualitätszirkel werden optimalerweise von einem (oder mehreren Moderatoren) geleitet, dessen (oder deren) primäre Aufgabe es ist, eine „neutrale Helferfunktion" einzunehmen, d.h. die Gruppe bei der Erarbeitung von Lösungsvorschlägen für konkrete Probleme zu unterstützen. Moderatoren fällen keine inhaltlichen Entscheidungen. Der Moderator sollte von den Qualitätszirkelteilnehmern akzeptiert und als hinreichend kompetent eingeschätzt werden (Härter et al. 1996). Es ist äußerst sinnvoll, daß die Moderatoren vor Beginn der Qualitätszirkel ein Trainingsseminar für Qualitätszirkelmoderatoren besuchen, sofern sie noch keine spezifischen Kenntnisse besitzen.

Aufgaben des Moderators (nach Härter et al. 1996)

Organisatorische Aufgaben
- Einladung und Motivierung zur Teilnahme am Qualitätszirkel,
- Termin-, Ort- und Zeitfestlegung für Zirkel,
- Sicherstellung guter Arbeitsbedingungen,
- Einhaltung des Zeitplans,
- Strukturierung der Wortmeldungen,
- ggf. Einladung von Gastexperten.

Didaktische Aufgaben
- Erarbeitung und Herausstellen der Zielsetzung der Qualitätszirkel,
- Vorplanung der Arbeitsmethodik,
- Förderung der Diskussion,
- Verdeutlichung von Gedankengängen und Zusammenfassung von (Zwischen)ergebnissen,
- Förderung der Selbstreflexion der Teilnehmer,
- evtl. Vorabinformation für die Teilnehmer, um diese auf den gleichen Kenntnisstand zu bringen,
- Vorbereitung der didaktischen Materialien.

Gruppenstrukturierende Aufgaben
- Bekanntmachung der Teilnehmer,
- Klärung der Erwartungen der Teilnehmer,
- Herstellung einer kooperativen Arbeitsatmosphäre,
- Identifizierung und Bewältigung von Störungen der Gruppenarbeit,
- Formulierung eines Pauschalzieles, solange von den Teilnehmern selbst noch keine spezifischen Ziele formuliert wurden.

Methodische Aufgaben
- Planung der Vorgehensweise, ggf. Formulierung präziser Fragestellungen, mit denen der Einstieg in ein Thema erfolgen kann,
- Unterstützung bei der gezielten Evaluation der Qualitätszirkelarbeit,
- Unterstützung bei der Erhebung und Interpretation des Hygienemanagements, sei es in Form von Interviews, Beobachtungen oder Surveillancedaten, sofern sie als Grundlage der Qualitätszirkelarbeit dienen.

7.7.4 Zusammensetzung und Teilnehmerkreis

Eine sehr wichtige Bedingung ist die freiwillige Teilnahme des/der Einzelnen. Die Freiwilligkeit bezieht sich auf die grundsätzliche Entscheidung, im Qualitätszirkel mitzuwirken, nicht auf die Teilnahme an einer einzelnen Veranstaltung, die wegen anderweitiger Verpflichtungen nicht immer möglich sein wird.

Manche Autoren fordern, daß Qualitätszirkel grundsätzlich nur aus Mitgliedern einer Berufsgruppe und einer hierarchischen Ebene bestehen (Deppe 1996). Im Sinne einer interdisziplinären Vorgehensweise halten wir jedoch eine bewußte Vermischung verschiedener Berufsgruppen für sinnvoll. Das Verhältnis von Pflegepersonal zu ärztlichem Personal sollte dann jedoch in etwa gleich sein. Hygienefachpflegekräfte, Krankenhaushygieniker bzw. hygienebeauftragte Ärzte, soweit vorhanden, sollten ebenfalls mitarbeiten. Weitere in Frage kommende Personen sind: Pflegedienstleitung, Mitarbeiter einer Krankenpflegeschule, OP-Fachpersonal. Die Mitarbeiter sollten im Kollegenkreis akzeptiert sein, müssen aber nicht der Führungsebene (Stationsleitungen, Oberärzte, Chefärzte) angehören, da dieser Personenkreis erfahrungsgemäß durch die üblichen Aufgaben schon stark belastet ist.

Die wenigsten Mitarbeiter im Krankenhaus sind im eigentlichen Sinne Experten auf dem Gebiet der Krankenhaushygiene, sondern eher Anwender praktischer Krankenhaushygiene. Die in der Ausbildung zum Arzt oder zur Krankenschwester erworbenen Kenntnisse auf dem Gebiet der Krankenhaushygiene sind als „Qualifikation" ausreichend. Die sich daraus ergebenden Konsequenzen werden an anderer Stelle behandelt.

Bei bestimmten Fragestellungen kann es angebracht sein, „Gastexperten" einzuladen, beispielsweise Mitarbeiter des technischen Dienstes bei technischen Problemen, Mitarbeiter der Verwaltung bei Kostenfragen, Ärzte mit speziellem Fachwissen über bestimmte nosokomiale Infektionen.

In kleineren Krankenhäusern können durchaus abteilungsübergreifende Qualitätszirkel durchgeführt werden. In größeren Krankenhäusern sind eher abteilungsspezifische Interventionsformen angebracht. Falls z.B. mehrere Abteilungen einen Qualitätszirkel durchführen sollten, wäre darauf zu achten, daß sich die Ergebnisse/Empfehlungen zu gleichen Themen nicht widersprechen.

7.7.5 Häufigkeit und Dauer der Qualitätszirkel

Jeder Qualitätszirkel sollte *regelmäßig* durchgeführt werden und *auf Dauer* angelegt sein. Im Bereich der Krankenhaushygiene empfiehlt es sich, die Treffen vier bis sechs-, maximal zwölfmal im Jahr durchzuführen. Häufigere Treffen sind in der Regel nicht erforderlich und unter Berücksichtigung der hohen Arbeitsbelastung des Personals und der relativen Bedeutung der Krankenhaushygiene im Vergleich zu anderen Bereichen nicht realistisch.

Die Qualitätszirkel sollten während der offiziellen Arbeitszeit stattfinden und die Teilnehmer entsprechend freigestellt werden, wodurch die Bedeutung der Qualitätszirkel unterstrichen wird. Gleichzeitig sollte bei der Terminplanung der Zeitplan der Zielgruppen berücksichtigt werden, so daß möglichst viele Teilnehmer erreicht werden können.

Zeitpunkt und Dauer eines Qualitätszirkeltreffens sollte daher allen Teilnehmern rechtzeitig schriftlich bekannt gegeben werden (Aushang z. B. am schwarzen Brett, schriftliche Einladungen).

Die Veranstaltungen sollten zeitlich auf maximal 90 min beschränkt sein. Für die Einhaltung der Zeitdisziplin ist in erster Linie der Moderator des Qualitätszirkels verantwortlich.

7.7.6 Ziele der Qualitätszirkelarbeit

Ziel der Qualitätszirkelarbeit ist die Erarbeitung von Lösungsvorschlägen für die bearbeiteten Probleme. Die Betonung liegt hierbei auf „Vorschläge". Empfehlungen eines Qualitätszirkels bedürfen der Zustimmung des ärztlichen Leiters als juristisch für die Krankenhaushygiene in seiner Abteilung Verantwortlichen bzw. der Hygienekommission des Krankenhauses. In der Praxis wird dies in den seltensten Fällen ein Problem darstellen, wenn die Qualitätszirkel und ihre Mitglieder prinzipiell akzeptiert sind.

Die Prävention der wichtigsten nosokomialen Infektionen ist die *Hauptaufgabe* der Krankenhaushygiene, dem auch im Qualitätszirkel entsprechend Rechnung getragen werden sollte.

Prinzipiell kann jedes krankenhaushygienische Problem Thema eines Qualitätszirkels sein. Häufig gibt es in Krankenhäusern diskrepante Auffassungen zu einzelnen Aspekten der Krankenhaushygiene, beispielsweise über die korrekten Arbeitsabläufe beim Verbandwechsel chirurgischer Wunden oder bei den Maßnahmen und Verhaltensweisen des OP-Teams nach sogenannten „septischen" Eingriffen. Qualitätszirkel sind ein gutes Forum, um solche Probleme zu lösen. Indem man gemeinsam versucht, Standards zu erarbeiten, ist die Bereitschaft zur anschließenden Etablierung eher gegeben.

7.7.7 Methoden des Qualitätszirkels

Obwohl es bestimmte Prinzipien für Qualitätszirkel gibt, existiert kein einheitliches Modell für die Durchführung und Gestaltung eines Qualitätszirkels (Härter et al. 1996). Als Grundlage für die Qualitätszirkelarbeit können bereits „vorformulierte" Leitlinien benutzt werden oder auch neue, eigene Leitlinien entwickelt werden. Beide Strategien können in der Praxis sinnvoll kombiniert werden (Härter et al. 1996). Für die Einbeziehung existierender Leitlinien spricht, daß sinnvolle Präventionsansätze, die auf gut durchgeführten Studien beruhen, zumindest zum Ausgleich etwaiger Wissensdefizite bei den Qualitätszirkelteilnehmern, nicht ignoriert werden können.

Charakteristisch für den Qualitätszirkel sind nicht nur die Teilnehmerzusammensetzung und das Aufgabengebiet; auch die Methoden, die während eines Qualitätszirkels eingesetzt werden, um den vielfältigen Erfahrungsschatz seiner Teilnehmer zu nutzen, sind typisch und unterscheiden sich von herkömmlichen didaktischen Methoden.

Die von der Unternehmensberatungsfirma *Metaplan* propagierte Moderationsmethode ist zu einem Standard in der Qualitätszirkelarbeit geworden. Sie eignet sich v. a. für die Bearbeitung von Problemen, für die keine „vorformulierten" Leitlinien bekannt sind (Härter et al. 1996).

In größeren Gruppen sind es häufig nur einige wenige, die die Diskussion dominieren und die Inhalte bestimmen, während sich die Mehrzahl der Teilnehmer nicht einbringt bzw. keine Chance sieht, sich einzubringen.

Die Metaplantechnik hingegen bezieht alle Teilnehmer ein, indem die Beiträge *aller* Teilnehmer visualisiert werden und Entscheidungen und Ergebnisse sichtbar festgehalten werden. Die Moderation mit der Metaplanmethode bietet mehrere Abfragemöglichkeiten, die visualisiert werden können: Zurufabfragen, Kartenabfragen sowie Ein- und Mehrpunktabfragen.

Bei Zurufabfragen stellt der Moderator eine Frage, die spontan von der Gruppe beantwortet wird. Die Antworten werden stichwortartig auf einer Pinwand oder Flipchart notiert. Diese Methode eignet sich sehr gut für eine Themensammlung.

Bei Kartenabfragen notieren die Teilnehmer ihre Antworten in gut lesbarer Schrift mittels Filzstiften auf farbige Kärtchen, die anschließend auf Pinwänden befestigt werden, wo sie thematisch gruppiert und dann weiter bearbeitet werden können.

Bei Ein- oder Mehrpunktabfragen werden verschiedene Alternativvorschläge auf einer Pinwand vorgegeben, zu denen die Teilnehmer Stellung beziehen, indem sie einen bzw. mehrere Klebepunkte den Vorschlägen zuordnen. Diese Abfragetechnik macht Stimmungen und Meinungen einer Gruppe transparent. Sie eignet sich auch zur Ergebnissicherung zum Abschluß einer Arbeitsphase. Kartenabfragen und die Ein- oder Mehrpunktabfragen bieten den Vorteil, daß alle Gruppenmitglieder beteiligt werden und sich nicht gegenseitig beeinflussen. Die Ergebnisse der Metaplanarbeit können übrigens auch photographisch festgehalten werden, was das Erstellen von Protokollen erleichtert.

Mit der Metaplanmethode können langwierige Diskussionen und Abwehrdebatten verhindert werden. Die Methode muß allerdings genau vorbereitet und angewandt werden, der Zeitaufwand ist relativ groß. Die Metaplantechnik ist nicht für jedes Moderationsproblem die richtige Lösung. Die für eine Metaplanmoderation erforderlichen Hilfsmittel sind bei verschiedenen Anbietern im Set erhältlich.

Erfahrungsgemäß müssen bei der Einführung der Metaplantechnik Widerstände bei einigen Teilnehmern überwunden werden, da die etwas „spielerische" Komponente dieser Methode zunächst zu einer Unterschätzung der Vorzüge und Bagatellisierung der Qualitätszirkel führen kann. Insgesamt muß hinsichtlich der Arbeitstechniken auf die Vorlieben und Abneigungen der Qualitätszirkelteilnehmer Rücksicht genommen werden.

Die Erfahrung in der NIDEP-2-Studie hat gezeigt, daß in manchen Krankenhäusern die Metaplantechnik nicht angenommen wurde. Dies mag an der bereits oben beschriebenen speziellen Situation der Krankenhaushygiene liegen, bei der Qualitätszirkel sich sinnvollerweise auch immer bereits vorliegender wissenschaftlicher Erkenntnisse bedienen. Um hier einen gemeinsamen Wissensstand zu erzielen, sind herkömmliche Lehrmethoden der Metaplanmethode überlegen. Schließlich ist die Metaplantechnik auch nicht entwickelt worden, um Wissen an Teilnehmer zu vermitteln, sondern um Wissen und Ansichten aus dem Teilnehmerkreis zu sammeln und zu konzentrieren.

In einigen Krankenhäusern wurde auf die Metaplantechnik verzichtet. Stattdessen wurden didaktische Methoden gewählt, die mehr der Wissensvermittlung dienen, wie etwa Overheadfolien etc. In diesen Fällen sprechen wir von fortbildungsorientierten Qualitätszirkeln.

7.7.8 Allgemeine Vorbereitung des Qualitätszirkels

Bevor mit dem ersten Qualitätszirkel begonnen werden kann, müssen einige Vorarbeiten geleistet werden.

Gegenüber den Entscheidungsträgern (Ärztlicher Direktor, Abteilungsleiter, Verwaltung) muß das Vorhaben, Qualitätszirkel durchzuführen, vorgestellt werden, wenn die Initiative nicht schon von der Führungsebene kam. Akzeptanz durch die Führungsebene ist eine Grundbedingung für das Gelingen.

Auch gegenüber den Mitarbeitern muß die Idee zum Qualitätszirkel vorgestellt werden, z.B. durch Informationsveranstaltungen, im Rahmen von Stationsbesprechungen und/oder Rundschreiben. Denn auch hier gilt, wenn der Qualitätszirkel nicht von dem Mitarbeitern befürwortet wird, kann seine Arbeit nicht erfolgreich sein. Schließlich müssen besonders motivierte Mitarbeiter als Teilnehmer des Qualitätszirkels gefunden werden.

BEISPIEL für einen klassischen Qualitätszirkel

Zusammensetzung: Pro Abteilung je eine examinierte Krankenschwester oder -pfleger, pro Abteilung je eine Ärztin/ein Arzt, die Pflegedienstleiterin, die Hygienefachpflegekraft, die/der hygienebeauftragte Ärztin/Arzt, ein Moderator (Funktion kann von einer der zuvor genannten Personen oder von einer anderen Person wahrgenommen werden).

Als Thema für die mögliche Durchführung von Qualitätszirkeln dient die Prävention katheterassoziierter Harnwegsinfektionen und soll veranschaulichen, welcher Gestaltungsspielraum prinzipiell besteht. Die idealtypisch geschilderten Beispiele sind tatsächlich durchgeführten Qualitätszirkeln der NIDEP-2-Studie entnommen. In der NIDEP-2-Studie wurde die Moderation und teilweise auch die Expertenrolle von den Studienärzten übernommen.

Als Vorgeschichte der Qualitätszirkel wird folgende Situation angenommen: Eine bestimmte Abteilung hat objektiv (d.h. Surveillancedaten liegen vor) hohe Raten an katheterassoziierten Harnwegsinfektionen. Konkrete Schwachstellen im hygienischen Umgang mit Blasenkathetern sind vor dem Qualitätszirkel nicht feststellbar. Es existiert ein älterer Hygienestandard zum Umgang mit Blasenkathetern, der den wenigsten Mitarbeitern aber bekannt ist. Viele Mitarbeiter der Abteilung, auch der Abteilungsleiter, möchten diese Problematik bearbeiten.

Die hygienebeauftragte Ärztin der Abteilung, die über Moderationserfahrung verfügt, und die Hygienefachschwester informieren die Abteilung über die Möglichkeit, Qualitätszirkel zu diesem Thema durchzuführen. Dieser Vorschlag wird angenommen. Die hygienebeauftragte Ärztin übernimmt die Moderation, die Hygienefachschwester die Expertenrolle.

Zielsetzung
- Reduktion der Rate der katheterassoziierten Harnwegsinfektionen.

Besonderheiten in der Planungsphase
- Ein Infoblatt mit Darstellung der Surveillanceergebnisse wird erstellt (Hygienemitarbeiter).

1. Einstieg ins Thema
- Begrüßung und Dank für die Teilnahme; kurze Vorstellungsrunde.
- Offene Befragung der Teilnehmer über ihre Erwartungshaltung bezüglich dieser Veranstaltung.
- Nochmalige Zusammenfassung der Vorgeschichte für den Qualitätszirkel.
- Besprechung der Surveillanceergebnisse anhand des Infoblattes.
- Formulierung der Zielsetzung: Wie können wir die Rate der katheterassoziierten Harnwegsinfektionen reduzieren? (offene Frage).

2. Bearbeitung des Themas (Einsatz der Metaplantechnik)
- Auf die existierenden Richtlinien wird (vorerst) nicht zurückgegriffen.
- Zunächst Sammlung von Vorschlägen zum konkreten Problem mittels Kartenabfrage (alle Teilnehmerinnen können mehrere Vorschläge schriftlich äußern).
- Anschließend Gruppierung der Vorschläge auf der Pinwand nach Oberbegriffen.
- Die gruppierten Vorschläge werden nun über eine Mehrpunktabfrage nach ihrer Bedeutung gewichtet. Resultat: Die größte Bedeutung wird 2 Oberbegriffen beigemessen (strenge, täglich zu überprüfende Indikationsstellung für einen Harnwegskatheter und bakteriologisches Monitoring nach Entfernen des Harnwegskatheters).
- Diese beiden Punkte werden vorrangig im Plenum diskutiert. (Andere Punkte werden in einen Themenspeicher aufgenommen.)
- Zu den beiden betreffenden Punkten werden in der Diskussion Maßnahmen beschlossen, die auf den Stationen umgesetzt werden sollen.

3. Maßnahmen
- Konkrete Empfehlungen zu den beiden bearbeiteten Punkten werden verabschiedet (z. B. Verkürzung der Harnwegskatheterliegezeiten).

4. Abschluß
- Ergebniszusammenfassung.
- Festhalten der noch zu klärenden Punkte.

- Ausblick auf den nächsten Qualitätszirkel, der sich nochmals mit der Prävention nosokomialer Harnwegsinfektionen beschäftigt (mit den Punkten, die in den Themenspeicher aufgenommen wurden).
- Schriftliche Fixierung und Verteilung der getroffenen Festlegungen auf den Stationen.

> Am Ende jedes Qualitätszirkels müssen konkrete Maßnahmen, zumindest aber ein Procedere stehen, um die Effektivität der Zirkel für alle Teilnehmer deutlich zu machen und damit Motivation und Interesse an der weiteren Arbeit herzustellen.

Die Stärke der Qualitätszirkel liegt in der Analyse des Ist-Zustandes durch die Teilnehmer (als Experten an ihrem Arbeitsplatz) und in der Erarbeitung der Umsetzbarkeit möglicher Optimierungen. Krankenhaushygienische Qualitätszirkel sind z. T. auf Experten angewiesen, die einerseits den Ist-Zustand fachlich bewerten und andererseits gewährleisten, daß mögliche Optimierungen dem Stand der Wissenschaft entsprechen.

Die Teilnehmer an Qualitätszirkeln haben eine bedeutende Multiplikatorenfunktion, da sie die Neuerungen unmittelbar in ihren Arbeitsbereich hineintragen können.

Prinzipiell besteht das Problem, in der knappen verfügbaren Zeit ein Thema selbst bei gutem Zeitmanagement adäquat zu bearbeiten.

Die Gestaltung der Qualitätszirkel insgesamt kann nicht standardisiert werden, sondern ist stark abhängig von verschiedensten Bedingungen in den jeweiligen Krankenhäusern, wie Zusammensetzung und Vorkenntnisse der Teilnehmer, Auswahl der Arbeitsmethoden etc.

Die Umsetzung der Erkenntnisse eines Qualitätszirkels in die tägliche Praxis eines Krankenhauses ist die schwierigste und wichtigste Aufgabe. *In den Qualitätszirkeln muß deshalb immer auch erarbeitet werden, wie die Ergebnisse am besten umgesetzt werden können!* Hierzu müssen die adäquaten Interventionsformen gewählt werden (s. Kap. 5, Interventionsformen).

Die Qualitätszirkelteilnehmer müssen die Akzeptanz ihrer Arbeit durch die juristisch Verantwortlichen anstreben. Zugleich müssen sie die Interventionen umsetzen oder zumindest initiieren und ihren Erfolg *kontrollieren*. Es ist empfehlenswert, regelmäßig das bisher Erreichte zu bilanzieren und gegebenenfalls noch nicht in die Praxis umgesetzte Punkte auf geeignete Weise zu forcieren.

7.8 Fazit

Bis auf den Qualitätszirkel besteht für alle in diesem Kapitel genannten Personengruppen bereits eine längere Erfahrung in Deutschland. Qualitätszirkel (QZ) bieten vom Potential her eine ideale Ergänzung. Allerdings bestehen nur wenige Erfahrungen über die QZ-Arbeit in der Hygiene an deutschen Krankenhäusern, und es bleibt abzuwarten, ob sich Qualitätszirkel ebenso erfolgreich als feste Institution an deutschen Krankenhäusern etablieren werden.

Hygienekommission, Qualitätszirkel sowie die verschiedenen Hygienefachpflegekräfte sind die Hauptakteure/-aktionen im Qualitätsmanagement. Sie gestalten im optimalen Fall zusammen mit dem übrigen Personal gemeinsam das Hygienemanagement und bedienen sich dabei unter anderem der hier behandelten Methoden. Das Vorhandensein entsprechender Fachkräfte und die Kenntnis der Methoden können jedoch nur dann zum Tragen kommen, wenn auf allen Ebenen des Krankenhauses ein kooperativer qualitätsorientierter Arbeitsstil besteht. Dies ist grundsätzlich für alle Bereiche der medizinischen Versorgung wichtig. Die Krankenhaushygiene eignet sich allerdings besonders für ein vernetztes kooperatives Bestreben nach Qualitätsverbesserung, weil eine effektive Infektionskontrolle gleichermaßen den Patienten, dem Personal und auch der finanziellen Situation des Krankenhauses zugute kommt. Es ist deshalb gut möglich, daß Krankenhäuser gerade über die Krankenhaushygiene den Einstieg in ein modernes Qualitätsmanagement finden.

KAPITEL 8

Management von Ausbrüchen nosokomialer Infektionen

8.1 Einleitung

Ein gewisser Anteil der nosokomialen Infektionen, etwa 2–10%, treten in Form von Ausbrüchen auf (Wenzel et al. 1983; Haley et al. 1985). Diese epidemischen Häufungen nosokomialer Infektionen führen in besonderem Maße zu einer hohen Aufmerksamkeit für das Problem der Krankenhausinfektionen, und alle Schritte zur Beendigung dieser Häufung und zur Prävention weiterer Fälle werden besonders intensiv durch das Personal oder sogar die Öffentlichkeit verfolgt.

Da für die Aufklärung von Ausbrüchen in der Regel ein besonderes Management erforderlich ist, das sich grundlegend von demjenigen bei der Reduktion endemischer nosokomialer Infektionen unterscheidet, ist dem Thema der Ausbruchserkennung und -aufklärung ein spezielles Kapitel gewidmet.

Ausbruchdefinition

> Ein Ausbruch oder eine Epidemie ist definiert als ein Anstieg von Infektionen über das zu erwartende Maß hinaus. Ein örtlicher und zeitlicher Zusammenhang muß dabei gegeben sein.

Man spricht auch dann von einer Epidemie, wenn es im Vergleich zu Raten, die in der Vergangenheit ermittelt wurden (präepidemische Raten), zu einem signifikanten Anstieg eines bestimmten Ereignisses kommt (Beck 1995).

Diese Definition weist bereits darauf hin, daß man die Erkennung eines Ausbruchs nicht von einer Absolutzahl an Fällen (Zähler) allein abhängig machen kann. Das ist nur möglich, wenn es sich um Infektionen durch sehr seltene Erreger (wie z. B. Cholera) oder gewöhnliche Erreger mit einem seltenen Resistenzmuster (z. B. MRSA) handelt. In der Regel ist es erforderlich, eine entsprechende Bezugszahl zu ermitteln (Nenner), um Infektionsraten berechnen und damit die Infektionsraten in der Ausbruchsphase mit den Raten in der davorliegenden und in der darauffolgenden Zeitperiode (endemische Rate) vergleichen zu können (Jarvis 1998).

Die epidemische Kurve

Je nach dem Übertragungsweg zeigen die Ausbrüche unterschiedliche Charakteristika. Die Erkennung der Unterschiede gelingt besonders leicht, wenn durch die Zuordnung der Fälle (Ordinate) zu dem entsprechenden zeitlichen Verlauf (Abszisse) eine epidemische Kurve erstellt wird.

Im wesentlichen kann man vier verschiedene Typen unterscheiden (Wendt u. Herwaldt 1997).

- **Übertragung von einer Person zur anderen**
  Die entsprechende epidemische Kurve zeigt einen langsamen Anstieg, erreicht ihren Höhepunkt und fällt anschließend langsam wieder ab. Der Zeitraum zwischen dem Auftreten der ersten Fälle kann einen Hinweis auf die Inkubationzeit des Erregers geben. In Abb. 8.1 kommt ein Skabiesausbruch zur Darstellung mit einem Peak am 27. März. Der 2. Anstieg im April wurde verursacht durch infizierte Angehörige des medizinischen Personal (in Anlehnung an Cooper u. Jackson 1986).
- **Übertragung ausgehend von einer Punktquelle (Point Source, Epidemie)**
  Hierbei kommt es zu einem schnellen Ansteigen und Abfallen der Fallzahlen (z. B. Infektionen durch Nahrungsmittel). In Abb. 8.2 wird die epidemische Kurve eines Ausbruches mit Salmonella Enteritidis dargestellt. Ursache dieses Ausbruches war Mayonnaise, die mit rohen Eiern hergestellt worden war (Telzak et al. 1990).
- **Übertragung ausgehend von einer Punktquelle mit anschließender Weiterverbreitung von einer Person zur anderen**
  Zu Beginn dieser Form des Ausbruches dominieren die Charakteristika der Übertragung ausgehend von einer Punktquelle (viele Fälle innerhalb einer kurzen Zeit). Im weiteren Verlauf geht die Darstellung in die Form der Kurve wie bei der Übertragung von einer Person zur anderen über (langsamer Anstieg bis zum Höhepunkt und langsames Abfallen der Fallzahlen). Zu Beginn des in Abb. 8.3 dargestellten Ausbruches erkrankten 11 Neugeborene an Hepatitis A (Noble et al. 1984). Alle Neugeborenen hatten Blut eines Spenders erhalten, der 1 Woche nach der Blutspende an Hepatitis A erkrankte (Punktquelle). Im Verlauf erkrankten weitere Patienten, Familienangehörige und medizinisches Personal (Übertragung von Person zu Person).
- **Übertragung ausgehend von einer kontinuierlichen Quelle (Continuous Common Source, Epidemie)**
  In dieser Ausbruchskurve treten die Fälle nur sporadisch auf, nämlich immer dann, wenn die Patienten Kontakt mit der entsprechenden Quelle hatten (z. B. nach Kontakt mit kontaminierten Gegenständen). In Abb. 8.4 wird ein Ausbruch einer Pseudomonas aeruginosa Follikulitis dargestellt (Sclech et al. 1986). Als Quelle des Ausbruchs konnte ein Pool für physikalische Therapie identifiziert werden.

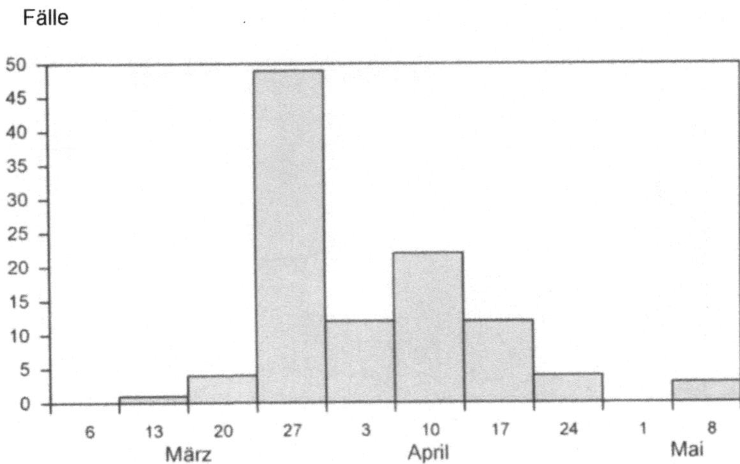

Abb. 8.1. Epidemische Kurve eines Skabiesausbruches. (Nach Cooper u. Jackson 1986)

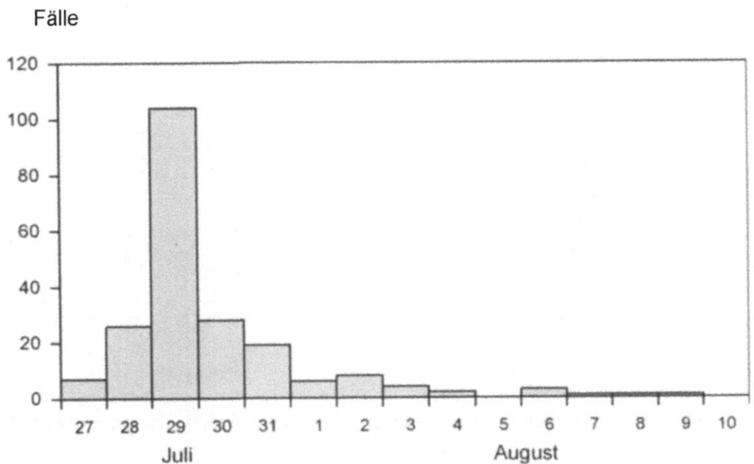

Abb. 8.2. Epidemische Kurve eines Ausbruchs mit Salmonella Enteritidis. (Nach Telzak et al. 1990)

8.2 Erkennung von Ausbrüchen

Ausbrüche können bekannt werden aufgrund von

- routinemäßiger Erfassung nosokomialer Infektionen (Anstieg der Raten, Änderung des Erregerspektrums),
- Meldung durch das Personal (bei Häufung bestimmter mikrobiologischer Befunde, bei Häufung von NI) oder
- ein- oder mehrmaligem Nachweis eines seltenen Erregers (Zaza u. Jarvis 1996).

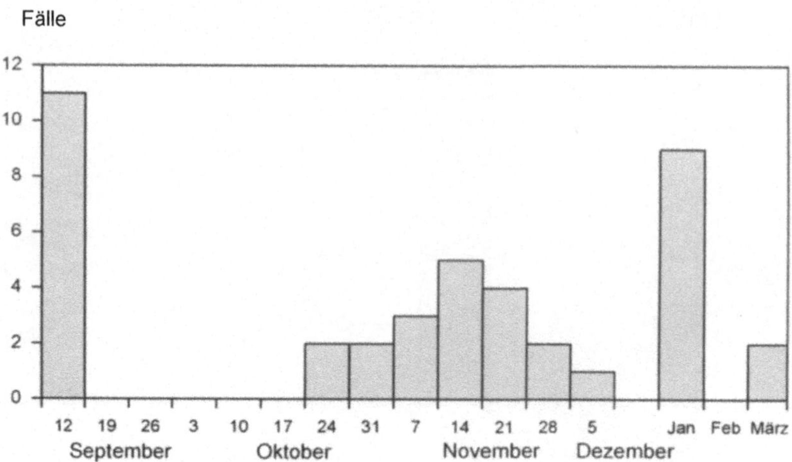

Abb. 8.3. Epidemische Kurve eines Hepatitis-A-Ausbruchs. (Nach Noble et al. 1984)

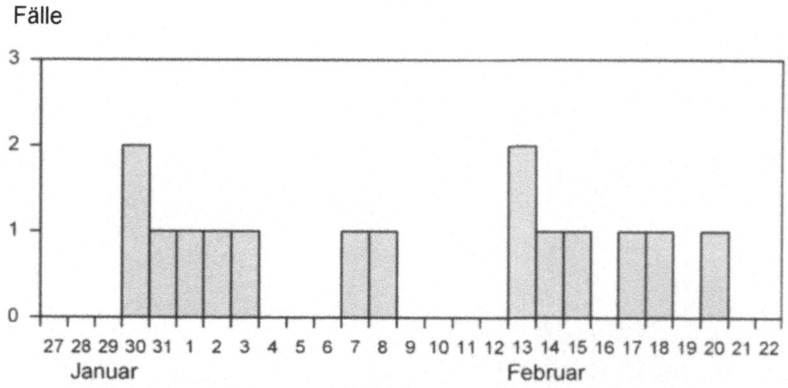

Abb. 8.4. Epidemische Kurve eines Ausbruchs von Pseudomonas aeruginosa Follikulitis. (Nach Sclech et al. 1986)

Da in vielen Krankenhäusern keine routinemäßige Surveillance nosokomialer Infektionen durchgeführt wird und damit keine endemischen Infektionsraten bekannt sind, werden wahrscheinlich viele Ausbrüche oder Häufungen nicht als solche erkannt.

Somit muß an eine Epidemie immer dann gedacht werden, wenn es zu folgenden Auffälligkeiten kommt:

- Häufung ähnlicher Infektionen auf einer Station oder Abteilung oder bei ähnlichen Patienten (z. B. mit gleicher Operation),
- Häufung von Infektionen in Zusammenhang mit invasiven Maßnahmen (z. B. Beatmung),
- Patienten und Personal entwickeln die gleichen Infektionen (z. B. Durchfallerkrankungen),

▪ Häufung von Infektionen mit bestimmten, häufig krankenhausspezifischen Erregern (z.B. multiresistente Erreger, seltene Erreger; Zaza u. Jarvis 1996).

Liegt der Verdacht auf einen Ausbruch vor, so muß in einem ersten Schritt geklärt werden, ob es sich wirklich um einen Ausbruch handelt oder ob ein **Pseudoausbruch** vorliegt. Von einem Pseudoausbruch spricht man, wenn (s. dazu auch Beispiel in Kap. 4.5):

▪ die Ergebnisse aus dem Labor nicht mit der Klinik übereinstimmen,
▪ sich die Surveillancemethoden (z.B. Definitionen von NI) verändert haben,
▪ sich die Labormethoden verbessert haben (z.B. Einführung neuer Tests),
▪ die Mitarbeiter gegenüber NI sensibilisiert wurden (z.B. Einführung von Surveillance, Fortbildungen; Beck 1995).

8.3 Aufklärung von Ausbrüchen

8.3.1 Die deskriptive Untersuchung

Handelt es sich um einen Ausbruch, müssen möglichst umgehend folgende Schritte eingeleitet werden (Beck 1995; Wendt u. Herwaldt 1997; Zaza u. Jarvis 1996; Beck-Sague et al. 1997; Petersen u. Ammon 1997):

▪ Erstellung einer ersten, vorläufigen Falldefinition (Zaza u. Jarvis 1996; Beck-Sague et al. 1997). Diese beinhaltet:
  – Beschreibung der Symptome bei den betroffenen Personen;
  – wenn bekannt, Beschreibung des nachgewiesenen Erregers;
  – Beschreibung des auffälligen Zeitraumes;
  – Beschreibung der räumlichen Zusammenhänge (z.B. Abteilung, Station).
▪ Sichtung möglichst aller Unterlagen der betroffenen Patienten;
▪ Suchen und Auffinden weiterer Fallpatienten;
▪ Information des Labors, um alle klinisch relevanten klinischen Isolate der Fallpatienten sicherzustellen;
▪ Information der Station/en über mögliche Ursachen des Ausbruchs, so daß ggf. verdächtige Materialien oder Überträgermedien sichergestellt werden können und nicht bei anderen Patienten zur Anwendung kommen;
▪ Erstellen einer epidemischen Kurve.

Für alle Fallpatienten werden Listen („line-listing") erstellt, in denen das Vorliegen der Kriterien der Falldefinition aufgeführt werden. Des weiteren werden alle Faktoren notiert, die Einfluß auf die Entstehung des Ausbruchs haben können (Alter, Geschlecht, invasive Maßnahmen wie z.B. Beatmung, Op.-Art, -Zeitpunkt, -Dauer, -Personal usw.).

Nach Zusammenstellung der in der „line-listing" gewonnenen Daten und deren Auswertung werden in einem nächsten Schritt Hypothesen erstellt, die den Ausbruch erklären können (Beck-Sague et al. 1997). Zum Beispiel könnte bei Patienten mit Pneumonie eine Hypothese sein, daß die Pneumonien in Zusammenhang mit der Atemtherapie stehen.

Über Literaturrecherchen (z. B. Medline-Recherche) können ähnlich verlaufene Ausbrüche gesucht werden, die dann Hinweise auf Ursprung und Art und Weise des Ausbruchs geben können. Suchkriterien bei der Literaturrecherche können den Erreger, die Symptome der Patienten, die beschuldigte Quelle des Ausbruchs beinhalten. Dieses Vorgehen kann Arbeitskraft, Zeit und Geld sparen.

Vor Einleitung der Arbeitsschritte müssen folgende Fragen geklärt werden (Beck-Sague et al. 1997):

- Muß eine komplette epidemische Studie durchgeführt werden?
- Müssen Kulturen von verdächtigen Materialien und/oder der Umgebung entnommen und die Isolate aufgehoben werden?
- Wer muß verständigt werden (z. B. Chefarzt, Ärztlicher Direktor, Mikrobiologe)?
- Müssen öffentliche Stellen verständigt werden (z. B. zuständiges Gesundheitsamt)?
- Müssen notfallmäßig Kontrollmaßnahmen eingeleitet werden (z. B. Isolierung der Fallpatienten)?

Je nach Beantwortung dieser Fragen müssen die entsprechenden Maßnahmen eingeleitet werden.

Vor allem immer dann, wenn die Häufung von Infektionsfällen ein allgemeines Problem repräsentieren könnte, z. B. Kontamination eines Arzneimittels oder Infektionen im möglichen Zusammenhang mit neu eingeführten medizinischen Produkten oder wenn die Untersuchung besonderes Spezialwissen erfordert, sollte nicht gezögert werden, entsprechende Institutionen um Unterstützung zu bitten. Vor allem die am Robert-Koch-Institut in Berlin existierende Arbeitsgruppe „Aufsuchende Epidemiologie" und das NRZ für Krankenhaushygiene sollten erste Ansprechpartner sein.

Nach Ermittlung aller Fallpatienten erfolgt die Erstellung der bereits in Kap. 8.1 erwähnten epidemischen Kurve (Beck-Sague 1997). Dazu werden die Fälle in die y-Achse (Ordinate) eingetragen. Die x-Achse (Abszisse) stellt den zeitlichen Verlauf dar. Durch die so entstehende Kurve kann der Beginn des Ausbruches dargestellt werden, die Fallzahlen während des Ausbruches können denen in der Zeit vor dem Ausbruch gegenübergestellt werden (präepidemische Rate). ·

Es werden eine oder mehrere Hypothesen erstellt, die die möglichen Ursachen des Ausbruchs beinhalten. Entsprechend werden Maßnahmen zur Unterbrechung des Ausbruchs eingeleitet (z. B. Isolierung der Fallpatienten, Fortbildungen über Hygienemaßnahmen). Häufig werden schon durch die Etablierung dieser Maßnahmen Ausbrüche beendet. Die Maßnahmen und das damit verbundene Ende des Ausbruches bestätigen die aufgestellte Hypothese. Ist dies nicht der Fall, müssen analytische Studien durchgeführt werden.

8.3.2 Die analytische Untersuchung

Die im folgenden aufgeführten Studien bieten sich hierfür an (Beck 1995; Beck-Sague et al. 1997).

Fall-Kontroll-Studie (Abb. 8.5)
In der Fall-Kontroll-Studie vergleicht man eine Gruppe von Erkrankten, die sogenannnten Fälle, mit einer Gruppe von Nichterkrankten, den Kontrollen, hinsichtlich einer zeitlichen vorausgegangenen Exposition durch einen Risikofaktor (Beck-Sague et al. 1997). Von der Erkrankung ausgehend wird also nach den Ursachen geforscht. Hinsichtlich der zeitlichen Abfolge Risikofaktor zu Erkrankung werden die Schlußfolgerungen somit „rückblickend" oder „retrospektiv" getroffen. In dieser Art der Studie werden die Patienten als Fälle bezeichnet, die ein oder mehrere bestimmte Symptome der Falldefinition aufweisen. Unter Kontrollen versteht man alle Patienten im gleichen Zeitraum, jedoch ohne Symptome. Fall-Kontroll-Studien sind als retrospektive Studien relativ leicht und schnell durchführbar. Zur Ermittlung einer Aussage sind auch relativ kleine Patientenzahlen ausreichend. Eine Fall-Kontroll-Studie eignet sich für seltene Erkrankungen, lange Erfassungsperioden oder zum Vergleich vieler expositioneller Faktoren. Sie eignet sich nicht für Situationen, bei denen seltene Expositionen untersucht werden sollen. Außerdem beinhaltet die Fall-Kontroll-Studie die Möglichkeit des „recall bias" (Zaza u. Jarvis 1996). Der „recall bias" entspricht einem Fehler, der durch unterschiedliches Erinnerungsvermögen bei den Befragten bzgl. der Fälle und Kontrollen zustande kommt (v.a. dann, wenn der Beginn des Ausbruchs schon längere Zeit zurückliegt).

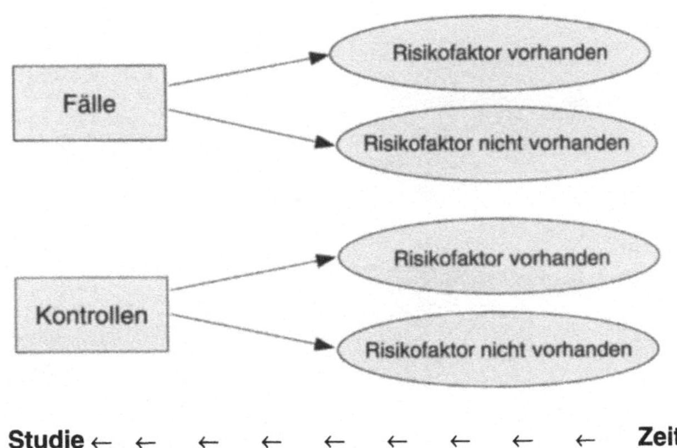

Abb. 8.5. Graphische Darstellung der Charakteristika der Fall-Kontroll-Studie

BEISPIEL

Auf einer Station erkranken 8 Patienten und ein Arzt an einer Gastroenteritis. Es wird eine Fall-Kontroll-Studie durchgeführt, bei der die erkrankten Personen die Fälle und die nicht erkrankten Patienten und das nicht erkrankte Stationspersonal die Kontrollgruppe bilden. Beide Gruppen werden hinsichtlich vorausgegangener möglicher Risikofaktoren befragt. Beim Vergleich der vorausgegangen Expositionen zeigt sich für fast alle Risikofaktoren eine gleichmäßige Verteilungen in beiden Gruppen. Lediglich der Verzehr einer Quarkspeise am Vortag ist als Risikofaktor signifikant häufiger in der Fallgruppe anzutreffen als in der Kontrollgruppe. Als Ergebnis der Fall-Kontroll-Studie kann somit ein erhöhtes Erkrankungsrisiko beim Verzehr der Quarkspeise angenommen werden. Die Untersuchung der Rückstellprobe der Quarkspeise zeigt eine Kontamination mit S. aureus. Die Fall-Kontroll-Studie hat durch die ungleiche Verteilung des Risikofaktors „Quarkspeise" beim Vergleich der Fallgruppe mit der Kontrollgruppe zur Identifikation der Ursache des Ausbruchs geführt.

Kohortenstudie

Die Kohortenstudie untersucht den möglichen Eintritt von Ereignissen in Abhängigkeit von der Exposition der Patienten (Beck-Sague et al. 1997). So können beatmete Patienten einer Station (Beatmung bedeutet Risiko) darauf untersucht werden, ob sie eine Pneumonie entwickeln oder nicht. Die Vergleichsgruppe wird gebildet durch die nicht beatmeten Patienten (ohne Risiko) der gleichen Station. Auch hier wird geprüft, ob eine Pneumonie auftritt oder nicht. Beide Gruppen werden verglichen und der Einfluß der Beatmung bzw. Nichtbeatmung auf die Entwicklung einer Pneumonie analysiert (s. auch Abb. 8.6).

Die Studie ist prospektiv angelegt und eignet sich gut für Untersuchungen der Einflüsse seltener Expositionen. Inzidenzraten können mit dieser

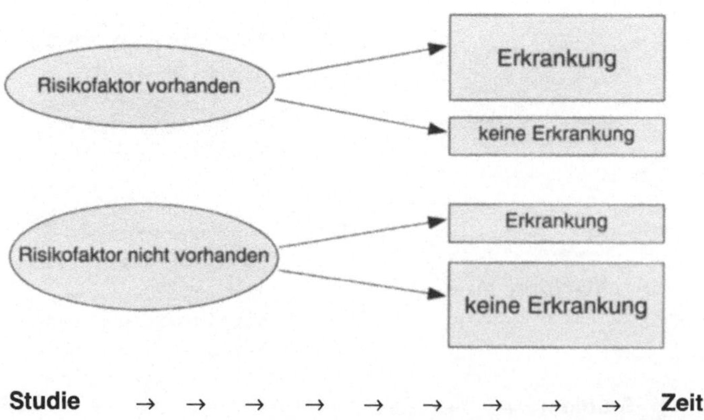

Abb. 8.6. Graphische Darstellung der Charakteristika der Kohortenstudie

Methode erfaßt werden. Nachteile dieser Studienart sind die großen Patientenzahlen, die häufig lange Dauer der Untersuchung und die hohen Kosten.

> **BEISPIEL**

Auf einer chirurgischen Station erkranken 6 Patienten an einer postoperativen Wundinfektion. Da alle 6 Patienten vom gleichen Operateur operiert wurden, gerät dieser Chirurg in Verdacht, für die Wundinfektionen verantwortlich zu sein. Auf Wunsch des betroffenen Chirurgen (Chirurg A) wird eine Kohortenstudie durchgeführt. In den nächsten 6 Monaten werden alle operierten Patienten der chirurgischen Abteilung in die Studie eingeschlossen. Der Risikofaktor ist eine vom Chirurgen A durchgeführte Op. Beide Gruppen („Risikofaktor" Chirurg A vorhanden/nicht vorhanden) werden nachfolgend hinsichtlich des Auftretens einer postoperativen Wundinfektion untersucht. Bei der Analyse der Daten zeigt sich, daß postoperative Wundinfektionen in beiden Gruppen (Risikofaktor vorhanden/nicht vorhanden) gleich häufig auftraten. Ein Zusammenhang zwischen dem Auftreten von Wundinfektionen und dem hier untersuchten Risikofaktor „Chirurg A" ist somit unwahrscheinlich.

8.3.3 Mikrobiologische Untersuchungen

Allgemeines

Mikrobiologische Umgebungsuntersuchungen sind dann angezeigt, wenn der Verdacht besteht, daß das unbelebte Umfeld für den Ausbruch verantwortlich gemacht werden kann. Ergebnisse analytischer Studien können so bestätigt werden.

Bei einigen Ausbrüchen weisen die Daten daraufhin, daß ein einziger Faktor (z. B. Beatmungszubehör) ursächlich verantwortlich ist. In diesen Fällen können mikrobiologische Untersuchungen ohne Durchführung einer analytischen Studie eine Hypothese bestätigen (z. B. Nachweis eines Erregers am Beatmungszubehör). Mikrobiologische Studien bereiten jedoch häufig Schwierigkeiten in der Interpretation der Ergebnisse, v.a. dann, wenn ein gewöhnlicher, ubiquitär vorkommender Keim für den Ausbruch verantwortlich gemacht wird. So ist es in der Regel nicht zu klären, ob ein Patient ein Gerät oder das Gerät den Patienten kontaminiert hat.

Personaluntersuchungen sind erforderlich, wenn Erreger für den Ausbruch verantwortlich gemacht werden, die gesunde Personen kolonisieren. So kann das Personal mit MRSA kolonisiert sein und zur Quelle eines Ausbruchs werden.

Typisierung von Erregern

Liegen während eines Ausbruchs verschiedene Isolate mit ein und derselben Erregerspezies (z. B. *S. aureus*) vor, so muß festgestellt werden, ob es sich um ein und denselben Stamm handelt. Innerhalb einer Erregerspezies gibt es eine unbestimmte Zahl von Stämmen. Zellen, die aus der ungeschlechtlichen Vermehrung (Zellteilung) hervorgehen, unterscheiden sich in ihrer DNA-Sequenz praktisch nicht. Sie gehören alle zu demselben identischen Stamm. Die Untersuchungsmethoden der Wahl stellen zur Zeit die AP-*PCR* und die *PFGE* dar.

■ AP-PCR (Arbitrarily Primed Polymerase Chain Reaction). Das Prinzip der PCR besteht darin, einzelne DNA-Sequenzen einer Zelle zu vervielfältigen und diese in der Gelelektrophorese in Form von Banden sichtbar zu machen. Bei der AP-PCR werden zu Beginn der Untersuchung die DNA-Stränge denaturiert, so daß DNA-Einzelstränge vorliegen. Sogenannte Oligonucleotidprimer koppeln zufällig an die Einzelstränge an und dienen der Polymerase als Ausgangspunkt für die Verdopplung der nachfolgenden DNA-Sequenz. Die Verdopplung erfolgt solange, bis der „neue" DNA-Doppelstrang bricht oder eine andere Kopplungsstelle für Primer erreicht ist. Auf diese Weise entstehen unterschiedlich lange DNA-Sequenzen, die in der Gelelektrophorese in Form unterschiedlicher Banden sichtbar werden. Die Verteilung und Häufigkeit der Bindungsstellen für das Ankoppeln und Verdoppeln der DNA-Sequenzen ist bei dieser Untersuchung zufällig. Jedoch werden für Isolate eines Stammes die gleichen DNA-Sequenzen repliziert, in der Gelelektrophorese werden identische Bandenmuster sichtbar (Hahn et al. 1994; Gassen et al. 1994).

Die Ergebnisse der AP-PCR können bei Vorliegen einer Reinkultur in der Regel innerhalb eines Tages vorliegen. Im SHEA-Positionspapier über die Auswahl und Interpretation von molekularen Typisierungsmethoden bewerten Tenover et al. die Reproduzierbarkeit der Ergebnisse der AP-PCR und die Differenzierung als gut, die Interpretierbarkeit der Ergebnisse und die Einfachheit der Durchführung als mäßig (Tenover et al. 1997).

■ PFGE (Pulsfeldgelelektrophorese). Während bei der PCR DNA-Fragmente untersucht werden, ist bei der PFGE der komplette DNA-Strang des zu untersuchenden Bakteriums Ausgangspunkt der Untersuchung. Dies stellt gleichzeitig eine der Schwierigkeiten bei der PFGE dar, da es zu Beginn der Untersuchung zu DNA-Brüchen mit daraus resultierender Fehlerbildung kommen kann. Die kompletten DNA-Stränge werden durch selten schneidende Restriktionsenzyme an so definierten Stellen in Fragmente zerlegt. Diese Fragmente werden der Pulsfeldgelelektrophorese zugeführt. Ähnlich wie bei der konventionellen Gelelektrophorese wird das Ergebnis der Untersuchung in Form von Banden sichtbar, die miteinander auf Identität verglichen werden können. Stammen die Erregerisolate von ein und demselben Stamm, so ist auch das Bandenmuster identisch (Goering 1993).

Die PFGE ist zur Zeit die Methode der Wahl beim Vergleich von Erregern. Nach Tenover et al. bietet die PFGE eine sehr gut Reproduzierbarkeit und Differenzierung. Wie bei der PCR werden die Interpretierbarkeit der

Ergebnisse und die Einfachheit der Durchführung als mäßig gut eingestuft. Bis zum Vorliegen des Ergebnisses der PFGE vergehen in der Regel 3–5 Tage (Tenover et al. 1997).

Im Rahmen eines Ausbruchs nosokomialer Infektionen können die im mikrobiologischen Labor des Krankenhauses gesammelten Stämme zur Typisierung an das Nationale Referenzzentrum (NRZ) für Krankenhaushygiene geschickt werden.

In der Regel werden zur Ausbruchbearbeitung und -aufklärung Fall-Kontroll-Studien durchgeführt. Mikrobiologische Ergebnisse ergänzen die Untersuchung, können im Einzelfall aber auch die entscheidenden Hinweise geben. Die während der Untersuchung gewonnenen Daten werden zusammengestellt und rechnerisch ausgewertet. Finden sich signifikante Unterschiede der Risikofaktoren zwischen Fall- und Kontrollpatienten, so kann davon ausgegangen werden, daß diese ursächlich am Ausbruch beteiligt oder mitbeteiligt sind. Von rechnerisch signifikanten Unterschieden zwischen zwei Größen spricht man dann, wenn der p-Wert $< 0,05$ beträgt, d.h. die Irrtumswahrscheinlichkeit kleiner als 5% ist.

8.3.4 Überprüfung der Plausibilität

Erhärtet sich der Hinweis, daß die Hypothese zur Ausbruchentstehung zutreffend ist, so muß die Plausibilität überprüft werden. Die Plausibilität ist dann gegeben, wenn der Übertragungsweg möglich und nachvollziehbar ist. Eine Überprüfung der Plausibilität kann auch an Hand der Literatur vorgenommen werden, indem man sich auf dort beschriebene gleiche oder ähnliche Übertragungswege bezieht. Führen diese Vorgehensweisen nicht zum Erfolg, muß untersucht werden, ob die Übertragung unter Versuchsbedingungen wiederholt werden kann.

8.3.5 Kontinuierliche Surveillance

Die kontinuierliche Surveillance soll den Erfolg der eingeleiteten Maßnahmen überprüfen, indem sie zeigt, daß die Fallzahlen zurückgehen. Zeigt sich dieser Erfolg nicht, so muß nach weiteren oder anderen Ursachen für den Ausbruch gesucht werden. Gleichzeitig kann durch die weitergeführte Surveillance überprüft werden, ob die eingeleiteten Maßnahmen auch wirklich umgesetzt werden. Maßnahmen werden häufig nur dann umgesetzt und beachtet, wenn der Sinn der Maßnahme klar ist. Die Information aller Mitarbeiter ist daher von großer Bedeutung. Sie wird v.a. durch persönliche Gespräche in den betroffenen Bereichen und durch Fortbildungsveranstaltungen erreicht.

Nach Beendigung des Ausbruches ist es wichtig, einen Bericht über den Verlauf des Ausbruches zu schreiben. Darin sollen die Vorgehensweisen, Erfahrungen und Ergebnisse beschrieben werden.

8.3.6 Zusammenfassung

Anhand einer Ausbruchsuntersuchung in der Neonatologie (Weist et al. 1996) wird zusammenfassend beschrieben, wie die verschiedenen bei Ausbruchsuntersuchungen zu beachtenden Punkte in diesem Beispiel gegeben waren bzw. berücksichtigt wurden.

Ausgangspunkt des Ausbruches war das gehäufte Auftreten von S. aureus-Hautinfektionen auf einer Neugeborenenstation:

Beschreibung des Ortes des Ausbruches (Haus, Abteilung, Station)	*Universitätsklinikum, Maximalversorgung, 1350 Betten, Abteilung Neonatologie*
Zeitraum des Ausbruchs	*Beginn: 25.04.1994 Ende: Mai 1994*
Wie wurde der Ausbruch bekannt (Meldung durch Labor, Stationspersonal, Surveillance)?	*Personal der Neonatologie, Mitarbeiter des mikrobiologischen Instituts*
Beschreibung der ersten Informationen über den Ausbruch	*3 Neugeborene mit Pyodermie und S. aureus-Nachweis*
Situation vor Beginn des Ausbruches (präepidemische Rate)	*Keine Hauterkrankungen mit S. aureus bei Neugeborenen bekannt*
Erreger (inkl. Charakteristika z.B. Resistenzlage)	*S. aureus (oxacillinsensibel)*
Epidemische Kurve	*Personen als Übertragungsweg unwahrscheinlich, eher Punktquelle*
Symptome	*Hautveränderungen mit Nachweis von S. aureus, Auftreten der Symptome nicht vor dem 5. Lebenstag*
Falldefinition	*Hautinfektionen mit S. aureus auf der Neugeborenenstation im Zeitraum April/Mai 1994*
Anzahl der Fälle	*10*
Sofortmaßnahmen	*Isolierung der Mütter und Kinder in eigenen Zimmern, Aufklärung der Betroffenen*
Art der geplanten Untersuchung	*Fall-Kontroll-Studie*
Definition der Kontrollen	*Neonaten entsprechend der Falldefinition, ohne Nachweis von S. aureus*
Anzahl der Kontrollen	*31 (zufällig ausgewählt aus den Neonaten April/Mai)*
Ausschlußkriterien für Fälle/Kontrollen	*Kontrollen: Nachweis von S. aureus aus Hautabstrichen*
Anzahl der Ausschlüsse	*1 Kontrolle mit Nachweis von S. aureus*

Hypothese 1	*Lokale Quelle der Infektionsursache*
Überprüfung der Hypothesen (auch Literatur)	*Es wurde keine Beschreibung eines ähnlichen Ausbruches gefunden*
„line-listing" (Signifikanzen p < 0,05), Auffälligkeiten	*Auffälligkeiten: Mädchen häufiger betroffen als Jungen, alle Neugeborenen mit Hüftsonographie*
Ggf. neue Hypothese, Hypothesenbestätigung	*Hypothese 2: Infektion in Zusammenhang mit Hüftsonographie*
Ergriffene Kontroll- und Präventionsmaßnahmen im Verlauf	*Siehe Sofortmaßnahmen und Umgebungsuntersuchungen*
Umgebungsuntersuchungen (inkl. Beschreibung der Verhältnisse)	*Eigener Raum für Hüftsonographie, eine zuständige Schwester; Untersuchung: Umgebung, Sonographiegel und Holzspatel*
Ergebnisse	*Nachweis von S. aureus im Sonographiegel und auf dem Holzspatel*
Personaluntersuchungen	*Nicht durchgeführt*
Ergebnisse	*Entfällt*
Identifiziertes oder wahrscheinliches Erregerreservoir	*Sonographiegel, Holzspatel*
Ggf. Erregertypisierung (Methode, Ergebnis)	*PFGE, RAPD-PCR von 7 S. aureus-Stämmen (inkl. Sonographiegel und Spatel), 6 identische Stämme in der PFGE*
Übertragungsweg	*Über Sonographiegel auf die Neonaten während der Hüftsonographie, Kontaminationsweg des Sonographiegels nicht geklärt*
Plausibilität des Erregerreservoirs	*Gegeben*
Plausibilität des Übertragungsweges	*Gegeben*
Dauerhafte Änderungen von Verfahrensweisen und Verhaltensmaßnahmen als Konsequenz aus dem Ausbruch	*Sonographiegel ursprünglich in großen Gebinden, Holzspatel wurden mehrfach benutzt. Konsequenz: Anschaffung kleiner, steriler Sonographiegelgebinde, Abschaffung der Holzspatel*
Ähnliche Ausbrüche in der Literatur (später berichtet)	*Schneeberger S, Guyot C (Schneeberger u. Guyot 1995)*

KAPITEL 9

Empfehlungen zur Prävention nosokomialer Infektionen

9.1 Anforderungen an Empfehlungen zur Prävention nosokomialer Infektionen

Empfehlungen zur Infektionsprävention sollten selbstverständlich möglichst auf der Basis von wissenschaftlichen Untersuchungen entwickelt werden. Idealerweise ist die Zielgröße dieser Untersuchungen die Reduktion der nosokomialen Infektionen (NI), und die optimale Form der Untersuchungen ist die prospektive, randomisierte, kontrollierte Interventionsstudie.

Untersuchungen, die diesen Prämissen entsprechen, existieren jedoch nur für einen Teil der infektionsprophylaktisch wichtigen Fragestellungen. Deshalb sind die Autoren von Empfehlungen in der Regel gezwungen, auch Ergebnisse von Studien mit einem weniger aussagekräftigen Design zu berücksichtigen, bzw. sie versuchen, Ergebnisse von Untersuchungen mit der Zielgröße „Kolonisation" statt „Infektion" einzubeziehen. Teilweise sind entsprechende Untersuchungen bisher gar nicht durchgeführt worden, u. U. sind sie aus verschiedenen Gründen auch nicht „machbar". Dann werden häufig auch logische Überlegungen und die Erfahrungen von Experten mit herangezogen.

Bei Empfehlungen und Leitlinien muß für den Anwender transparent gemacht werden, in welchem Maße der Vorteil einer bestimmten Empfehlung bewiesen ist, jeder Empfehlung sollte daher der entsprechende „Evidenzgrad" zugeordnet werden. Dadurch erhält der Anwender die Möglichkeit zu entscheiden, in welchen Fällen unbedingt der Inhalt der Empfehlung umzusetzen ist, um Schaden von den Patienten abzuwenden, und in welchen Fällen z.B. nur bestimmte Patientengruppen von dieser Maßnahme profitieren oder aufgrund von ungelösten Fragestellungen auch andere wichtige Aspekte berücksichtigt werden sollten.

Die von den amerikanischen *CDC* (Centers for Disease Control and Prevention) bzw. vom *HICPAC* (Hospital Infection Control Practices Advisory Committee) bisher veröffentlichten Empfehlungen zur Prävention nosokomialer Infektionen (CDC/HICPAC-Empfehlungen) entsprechen diesen Anforderungen und haben deshalb eine weltweite Verbreitung und Akzeptanz gefunden. Diese ist allerdings nicht nur darin begründet, daß es sich um *evidenzbasierte* Empfehlungen handelt, die durch ein Expertengremium geprüft wurden. Sehr hilfreich ist auch, daß die zur Entscheidungsfindung zu Rate gezogene Literatur jeweils mit angegeben wird. Diese wissenschaftliche Transparenz ermöglicht es dem Leser und Anwender, jede Empfehlung dahingehend zu prüfen, ob die darin beschriebene Vorgehensweise auch auf das eigene Krankenhaus übertragbar ist.

9.2 CDC/HICPAC-Empfehlungen

Die CDC sind eine Einrichtung des amerikanischen Gesundheitsministeriums und beinhalten verschiedene Zentren, Institute und Abteilungen. Der Hauptsitz der Centers for Disease Control and Prevention befindet sich in Atlanta, Georgia, USA. Die CDC beschäftigen sich seit vielen Jahren mit der Prävention von nosokomialen Infektionen. Unter anderem werden regelmäßige Schulungen für das Infektionskontrollpersonal durchgeführt und Präventionsempfehlungen ausgearbeitet.

Das HICPAC stellt die Folgeinstitution zur Entwicklung von Empfehlungen der CDC zur Infektionsprävention dar. Als unabhängiges Expertengremium ist es mit dem Ziel gegründet worden, die CDC gegen den Druck kommerzieller und politischer Interessen abzuschirmen, welche einen Einfluß auf alle, die an der Entwicklung von Empfehlungen beteiligt sind, ausübten.

Die Widersprüchlichkeit, die sich durch die Notwendigkeit klarer Empfehlungen auf der einen Seite und die Geschäftsinteressen von Unternehmen, deren Absatzmöglichkeiten unter einer negativen Bewertung leiden würden, auf der anderen Seite ergab, wirkte sich teilweise negativ auf die Entwicklung neuer Empfehlungen durch die CDC aus.

Um dieser Entwicklung entgegenzuwirken, erhielt das HICPAC 1991 vom Gesundheitsministerium der USA den Auftrag, die Funktion einer Beratungsstelle der CDC zu übernehmen, welche sich mit der Entwicklung von Strategien zur Prophylaxe nosokomialer Infektionen, speziell mit der Entwicklung von Empfehlungen befassen sollte. Die HICPAC-Mitglieder wurden für vier Jahre vom Ministerium ernannt und fungieren als Beraterkomitee für das CDC-Krankenhausinfektionsprogramm (O'Rourke 1995). Ein erster Entwurf neuer Empfehlungen des HICPAC wird jeweils mit der Bitte um Stellungnahmen veröffentlicht. Im endgültigen Entwurf finden die eingegangenen Stellungnahmen dann Berücksichtigung.

Die aktuellen Empfehlungen zur Prävention und Kontrolle von nosokomialen Infektionen umfassen zur Zeit acht Dokumente:

(1)	Empfehlungen zu katheterassoziierten Harnwegsinfektionen (CDC)	1981
(2)	Empfehlungen zum Händewaschen und zu Umgebungsuntersuchungen (CDC)	1985
(3)	Empfehlungen zur Prävention nosokomialer Pneumonien (HICPAC)	1994
(4)	Empfehlungen zur Prävention der Übertragung von Mycobacterium tuberculosis in Gesundheitseinrichtungen (HICPAC)	1994
(5)	Isolierungsmaßnahmen im Krankenhaus (HICPAC)	1996
(6)	Empfehlungen zur Prävention intravaskulärer katheterassoziierter Infektionen (HICPAC)	1996
(7)	Empfehlungen zur Infektionskontrolle des Krankenhauspersonals (HICPAC)	1998
(8)	Empfehlungen zur Prävention von Wundinfektionen (HICPAC)	1999

9.2.1 Kategorisierungsschema

Die Empfehlungen der CDC/HICPAC basieren auf dem Prinzip der evidenz-basierten Medizin. Um dem Anwender eine Einschätzung der Qualität der ausgesprochenen Empfehlungen zu erlauben, sind alle Empfehlungen hinsichtlich ihrer Evidenz und der sich daraus ergebenden Bedeutung zur Umsetzung kategorisiert. Die für die Einordnung in eine bestimmte Kategorie zugrundeliegenden Studien/Untersuchungen werden für jede Empfehlung als Referenz angegeben. Allein die Empfehlungen zur Prävention intravaskulärer katheterassoziierter nosokomialer Infektionen basieren auf 434 Literaturstellen, die zur Prävention der nosokomialen Pneumonien sogar auf 719 Referenzen (Pearson and the Hospital Infection Control Practices Advisory Committee 1996; Tablan et al. 1994).

Frühere Präventionsempfehlungen der CDC waren auf der Basis wissenschaftlicher Daten, theoretischer Überlegungen, Praktikabilität und Wirtschaftlichkeit folgendermaßen kategorisiert (Centers for Disease Control and Prevention 1986):

- **Kategorie I: Besonders empfohlen.**
  Maßnahmen der Kategorie I werden entweder durch gut geplante und kontrollierte klinische Studien, in denen eine Effizienz bezüglich der Reduktion der Rate nosokomialer Infektionen aufgezeigt werden konnte, gestützt oder aber von Fachexperten als effektiv eingestuft. Diese Maßnahmen können auf alle Krankenhäuser, unabhängig von ihrer Größe, der Patientenzusammensetzung oder endemischer nosokomialer Infektionsraten übertragen werden und werden zudem als praktikabel angesehen.
- **Kategorie II: Empfohlen.**
  Für diese Maßnahmen existieren hinweisende klinische Studien oder eindeutige Studien aus Institutionen, die auf andere Krankenhäuser übertragen werden können. Auch Maßnahmen, für die eine streng theoretische Begründung hinsichtlich ihrer Effektivität besteht, gehören in diese Kategorie. Die Maßnahmen der Kategorie II werden als praktikabel beurteilt, sind jedoch nicht für alle Krankenhäuser anwendbar.
- **Kategorie III: Nur bedingt empfohlen.**
  Maßnahmen, die von einigen Untersuchern, Behörden oder Organisationen empfohlen werden, für die aber bisher nicht genügend unterstützende Daten oder theoretische Begründungen vorliegen. Also sind dies wichtige in Betracht kommende Fragen, die eine weitere Bewertung erfordern. Diese können für einige Krankenhäuser zur Anwendung empfohlen werden, besonders wenn diese Krankenhäuser ein spezifisches nosokomiales Infektionsproblem haben oder ausreichende Mittel für die Anwendung zur Verfügung stehen.

Dieses Schema wurde zugrunde gelegt für die Empfehlungen zur Prävention nosokomialer Harnwegsinfektionen.

Das Kategorisierungsschema vom HICPAC berücksichtigt in der Kategorie I noch zusätzlich den unterschiedlichen Evidenzgrad, der sich aus der

wissenschaftlichen Basis der Empfehlung ergibt und wurde folgendermaßen modifiziert (Pearson u. the Hospital Infection Control Practices Advisory Committee 1996):

- **Kategorie IA:** Besonders empfohlen für alle Krankenhäuser und gestützt
  durch gut geplante experimentelle oder epidemiologische Untersuchungen.
- **Kategorie IB:** Besonders empfohlen für alle Krankenhäuser und durch
  Fachexperten als effektiv angesehen, weil rationale und hinweisende Fakten existieren, obwohl maßgebliche wissenschaftliche Studien nicht vorhanden sind.
- **Kategorie II:** Zur Einführung in vielen Krankenhäusern empfohlen. Die
  Empfehlungen werden durch hinweisende klinische oder epidemiologische Studien gestützt, durch eine streng theoretische Begründung oder
  durch maßgebliche Studien, die für einige, aber nicht für alle Krankenhäuser anwendbar sind.
- **Keine Empfehlungen, ungelöste Fragen:** Vorgehensweisen, für die keine
  ausreichenden Hinweise oder kein Konsens bezüglich der Effektivität
  existieren.

Dieses Schema wurde zugrunde gelegt für die Empfehlungen zur Prävention nosokomialer Pneumonien und katheterassoziierter Infektionen.

Das Kategorisierungsschema des Evidenzgrades ist inzwischen im Sinne einer weiteren Transparenz der Evidenz zu den Empfehlungen nochmals modifiziert worden. Es lautet jetzt folgendermaßen (Mangram et al. 1999):

- **Kategorie IA:** Maßnahme nachdrücklich empfohlen.
  Stützt sich auf gut geplante experimentelle, klinische oder epidemiologi-
  sche Untersuchungen.
- **Kategorie IB:** Maßnahme nachdrücklich empfohlen.
  Stützt sich auf einige experimentelle, klinische oder epidemiologische
  Untersuchungen und rationale theoretische Überlegungen.
- **Kategorie II:** Maßnahme zur Übernahme vorgeschlagen.
  Stützt sich auf hinweisende klinische oder epidemiologische Untersu-
  chungen oder rationale theoretische Überlegungen.
- **Keine Empfehlungen, ungelöste Fragen:**
  Vorgehensweisen, für die keine ausreichenden Hinweise oder kein Kon-
  sens bezüglich der Effektivität existieren.

Dieses Schema wurde zugrunde gelegt für die Empfehlungen zur Prävention nosokomialer Wundinfektionen.

Die Häufigkeit einiger nosokomialer Infektionen läßt sich kaum beeinflussen. Sie entwickeln sich unabhängig vom Hygieneregime wie z.B. die hä-
matogene Osteomyelitis und andere Infektionen, die ohne vorangegangene
invasive Maßnahmen wie Operationen oder Anwendung von *Devices* auftreten und mehr auf prädisponierenden Faktoren des Patienten gründen.
Sie stellen jedoch auch nicht die typischen nosokomialen Infektionen dar.

Von den insgesamt acht bisher publizierten Empfehlungen der CDC/ HICPAC beschränken wir uns daher auf die Vorstellung der Empfehlungen für die vier wichtigsten nosokomialen Infektionen, die häufig im Zusammenhang mit Devices auftreten und bei denen daher auch die Möglichkeit einer Reduktion der Infektionsraten durch Befolgung entsprechender Verhaltensweisen gegeben ist.

- Empfehlungen zur Prävention von katheterassoziierten Harnwegsinfektionen (s. Kap. 9.4),
- Empfehlungen zur Prävention von nosokomialen Pneumonien (s. Kap. 9.5),
- Empfehlungen zur Prävention intravaskulärer katheterassoziierter Infektionen (s. Kap. 9.6),
- Empfehlungen zur Prävention postoperativer Wundinfektionen (s. Kap. 9.7).

Die Empfehlungen zum Händewaschen/zur Händedesinfektion sind teilweise in diese Empfehlungen mit eingeflossen.

9.2.2 Anwendung der Empfehlungen

Die zur Umsetzung der Empfehlungen erforderlichen Mittel in personeller, zeitlicher und finanzieller Hinsicht werden im allgemeinen begrenzt sein. Für eine effiziente Vorgehensweise empfiehlt es sich daher, den Schwerpunkt auf die Umsetzung der Empfehlungen zu setzen, die zur Kategorie I der CDC-Empfehlungen bzw. zu den Kategorien IA und IB der HICPAC-Empfehlungen zählen, da diese Empfehlungen für alle Krankenhäuser besonders empfohlen sind. Bei der Anwendung der Empfehlungen müssen natürlich auch die Erfordernisse des jeweiligen Krankenhauses berücksichtigt werden. So können z.B. identifizierte Probleme dazu führen, evtl. andere Prioritäten bei der Umsetzung der Empfehlungen zu setzen. Zudem muß bei der Umsetzung bedacht werden, daß auch zu den besten verfügbaren externen Beweisen immer noch der individuelle klinische Sachverstand hinzukommen muß. Selbst bei exzellenter wissenschaftlicher Evidenz kann diese bei einem Patienten nicht anwendbar oder ungeeignet sein. Die externe Evidenz informiert, ersetzt aber nie den individuellen Sachverstand und die eigene Erfahrung (Sackett et al. 1996).

9.3 Modifikation und Ergänzung der CDC/HICPAC-Empfehlungen durch neue wissenschaftliche Studienergebnisse

Zusätzlich zum Original-CDC/HICPAC-Text werden im folgenden in kursiver Schrift Erläuterungen, Ergänzungen, Bewertungen oder Änderungen angegeben, die sich aus neuen Studien ergeben haben oder der Anpassung an deutsche Verhältnisse oder dem besseren Verständnis dienen.

Änderungen der Empfehlungen selber oder der Bewertung von Empfehlungen sind jeweils mit den Literaturstellen belegt, die zur Modifikation führten.

In den CDC/HICPAC-Guidelines wird regelmäßig das Wort „Händewaschen" verwendet. In den Krankenhäusern der USA enthalten die Seifen zum Waschen der Hände antimikrobiell wirksame Zusätze. In Deutschland wird ohnehin traditionell das hygienisch wirkungsvollere Desinfizieren der Hände empfohlen. Daher wird in den hier vorgestellten Empfehlungen der Begriff „Händewaschen" durch „Händedesinfektion" ersetzt.

Um in der Lage zu sein, aktuelle Entwicklungen, die sich durch neue Materialien oder neuere Studien ergeben, berücksichtigen zu können, war es erforderlich, neue Studien zu identifizieren, auszuwählen und hinsichtlich ihres Evidenzgrades zu analysieren. Zu diesem Zweck führten wir zunächst eine Suche mit Hilfe der Datenbank *Medline* durch. Durch die Eingabe geeigneter Suchwörter konnte eine erste Auswahl vorgenommen werden. Ebenfalls berücksichtigt wurde die *Cochrane Library*, eine spezielle Sammlung randomisierter kontrollierter Studien, die zur Unterstützung der Methode der *„evidence based medicine"* eingerichtet wurde.

Zusätzlich erfolgte die kontinuierliche Durchsicht der aktuellen einschlägigen Fachzeitschriften und die Beachtung weiterer Informationsquellen (z. B. Fachtagungen).

Da das Erscheinen der CDC-Empfehlungen für die Prävention der Harnwegsinfektionen am längsten zurückliegt, wird in Kap. 11.4 die gezielte Suche nach neueren Studien einleitend exemplarisch ausführlich beschrieben.

Zur Überprüfung der Effizienz von Präventionsmaßnahmen wird üblicherweise das Design der Interventionsstudie (seltener Beobachtungsstudien wie Kohorten- oder Fall-Kontroll-Studien) gewählt.

9.4   Empfehlungen zur Prävention nosokomialer Harnwegsinfektionen

Harnwegsinfektionen sind mit einem Anteil von ca. 40% die häufigsten nosokomialen Infektionen und eine bedeutende Ursache nosokomialer Bakteriämien und damit verbundener Letalität (Burke u. Riley 1996; Warren 1997).

In Akutkrankenhäusern kommen ca. 80–90% der Harnwegsinfektionen bei Patienten vor, die einen Harnwegskatheter haben, weitere 5–10% sind mit Zystoskopien und anderen urologischen Eingriffen assoziiert (Burke u. Riley 1996; Warren 1997).

10–15% aller hospitalisierter Patienten werden im Laufe des Krankenhausaufenthaltes mit einem Harnwegskatheter versorgt (Burke u. Riley 1996; Warren 1997). In der NIDEP-1-Studie, in der 14966 repräsentativ ausgewählte Krankenhauspatienten in Deutschland untersucht wurden, lag dieser Anteil bei 12,6% (Gastmeier et al. 1997).

Das Risiko für eine Harnwegsinfektion nimmt mit zunehmender Liegedauer des Katheters zu. Die Dauer der Katheterisierung ist der wichtigste

Risikofaktor für die Entwicklung einer katheterassoziierten Bakteriurie. Die tägliche Inzidenz einer neu erworbenen Bakteriurie bei katheterisierten Patienten liegt zwischen 3 und 10%, so daß nach 30 Tagen die große Mehrheit der katheterisierten Patienten eine Bakteriurie aufweist (Warren 1997).

Grundlage für die Empfehlungen zur Prävention von Harnwegsinfektionen sind die CDC-Guidelines aus dem Jahre 1981 (Wong u. Hooton 1981). Diese Empfehlungen sind in erster Linie für Krankenhäuser konzipiert. Die CDC planen derzeit keine Aktualisierung ihrer Empfehlungen von 1981. Um eventuelle, neue Erkenntnisse berücksichtigen zu können, wurde eine Literaturrecherche durchgeführt. Gesucht wurden seit 1981 publizierte kontrollierte, randomisierte Interventionsstudien zur Prävention katheterassoziierter Bakteriurien bzw. Harnwegsinfektionen.

Hierzu wurde eine Medline-Recherche durchgeführt, die Cochrane Library abgefragt sowie die aktuellen Standardwerke zum Thema Prävention katheterassoziierter Harnwegsinfektionen durchgesehen (Burke u. Riley 1996; Warren 1997; Kunin 1996).

Die Medline-Suchstrategie war wie folgt: Es wurden die MeSH Terms (Medical Subject Headings) „bacteriuria/prevention and control", „urinary tract infection/prevention and control", „urinary catheterization/methods", „urinary catheterization/adverse effects", „urinary catheterization/instrumentation" kombiniert mit der Suchstrategie „randomized controlled trial" als Publikationstyp.

Die Cochrane Library of Controlled Trials wurde mit den gleichen Suchbegriffen abgefragt, nicht randomisierte Studien wurden ausgesondert.

Nicht berücksichtigt wurden Studien zur perioperativen Antibiotikaprophylaxe bei urologischen Eingriffen, Studien, die ausschließlich bei Patienten mit neurogenen Blasenfunktionsstörungen durchgeführt wurden, pädiatrische Untersuchungen, sowie Kongreßberichte. Studien in nichtenglischer Sprache, für die kein englisches Abstract vorlag, wurden ebenfalls nicht berücksichtigt.

Insgesamt wurden 50 randomisierte, kontrollierte Interventionsstudien identifziert, die nach den Prinzipien der evidenzbasierten Medizin beurteilt wurden (Cook u. Mindorff 1996). Eine Studie (Burke et al. 1983) wurde lediglich über eines der aktuellen Standardwerke (Burke u. Riley 1996) gefunden. Durch die Medline-Recherche wurden 43 randomisierte, kontrollierte Studien identifiziert (Classen et al. 1991; Huth et al. 1992; Platt et al. 1983; DeGroot-Kosolcharoen et al. 1988; Klarskov et al. 1986; al-Juburi u. Cicmanec 1989; Classen et al. 1991; Wille et al. 1993; Huth et al. 1992; Gillespie et al. 1983; Thompson et al. 1984; Sweet et al. 1985; Davies et al. 1987; van den Broek et al. 1985; Schneeberger et al. 1992; Ball et al. 1987; Adesanya et al. 1993; Chene et al. 1990; Riley et al. 1995; Johnson et al. 1990; Liedberg u. Lundeberg 1990; Liedberg et al. 1990; Schaeffer et al. 1988; O'Kelly et al. 1995; Perrin et al. 1997; Ratnaval et al. 1996; Sethia et al. 1987; Andersen et al. 1985; Vandoni et al. 1994; Ichsan u. Hunt 1987; Schiotz et al. 1989; Tangtrakul et al. 1994; Michelson et al. 1988; Dobbs et al. 1997; Skelly et al. 1992; Carapeti et al. 1994; Duffy et al. 1995; Mountokalakis et al. 1985; van der Wall et al. 1992; Rutschmann u. Zwahlen 1995; Hozack et al. 1988; Muncie Jr. et al. 1989; Shafik 1993). Durch die Abfrage der Cochrane Library wurden bis auf 3 Studien (Wille et al. 1993; Davies et al. 1987; Dobbs et al. 1997) alle Studien identifiziert, die auch über die Medline-Recherche gefunden wurden. Zusätzlich wurden sechs weitere Interventionsstudien gefunden (Piergiovanni u. Tschantz 1991; Bergman et al. 1987; Kerr-Wilson u. McNally 1986; Lampe et al. 1992; Carpiniello et al. 1988; Knight u. Pellegrini Jr. 1996). Lediglich statistisch signifikante Ergebnisse dieser Studien wurden hinsichtlich einer Erweiterung oder Abänderung der CDC-Guidelines berücksichtigt.

Von den CDC-Empfehlungen ausgehend, deren wichtigste Prinzipien immer noch Gültigkeit besitzen, wurden aktualisierte Empfehlungen zur Prävention katheterassoziierter Harnwegsinfektionen entwickelt. Wesentliche neue Erkenntnisse ergaben sich in den letzten Jahren zu Alternativen von transurethralen Kathetern und zu neuen Kathetermaterialien.

Neben den Ergebnissen der randomisierten Studien wurden in geringem Umfang auch relevante, neuere nichtrandomisierte Studien berücksichtigt, falls zum entsprechenden Thema keine randomisierten Studien verfügbar waren (Räumliche Trennung infizierter und nichtinfizierter kathetersierter Patienten, Surveillance) bzw. um Sachverhalte deutlicher zu machen (Antibiotikaprophylaxe; Forster et al. 1999).

Empfehlungen

Textpassagen in kursiver Schrift stellen Abweichungen vom Original-CDC-Text dar!
Es handelt sich hierbei um Modifikationen in Form von Erläuterungen, Ergänzungen oder sich aus neuen Studien ergebende Änderungen.

Empfehlungen	Kategorie
Personal	
Nur Personal, das mit der korrekten Technik der aseptischen Katheterisierung und der Katheterpflege vertraut ist, sollte mit Harnwegskathetern umgehen.	I
Krankenhauspersonal (und andere Personen, die mit Harnwegskathetern umgehen) sollten regelmäßig bezüglich der korrekten Techniken und der möglichen Komplikationen von Harnwegskathetern geschult werden.	II
Harnwegskatheter	
▪ Harnwegskatheter sollten nur gelegt werden, wenn sie erforderlich sind, und sobald wie möglich wieder entfernt werden.	I
▪ Für bestimmte Patientengruppen können statt transurethraler Harnwegskatheter alternative Methoden der Harndrainage zur Anwendung kommen.	

In sechs randomisierten Studien (Andersen et al. 1985; Vandoni et al. 1994; Ichsan u. Hunt 1987; Schiotz et al. 1989; Piergiovanni u. Tschantz 1991; Bergman et al. 1987) wurden überwiegend auf konventionelle Art transabdominell applizierte, suprapubische Katheter mit transurethralen Kathetern evaluiert, wobei in zwei Studien bei einem Teil der Patienten die suprapubischen Katheter auch intraoperativ gelegt wurden (Andersen et al. 1985; Piergiovanni u. Tschantz 1991). In vier dieser sechs Untersuchungen war die Bakteriurie- bzw. Harnwegsinfektionsrate in der Gesamtgruppe der Patienten mit suprapubischen Kathetern geringer als in der Kontrollgruppe (Andersen et al. 1985; Vandoni et al. 1994; Ichsan u. Hunt 1987; Bergman et al. 1987), in einer Studie (Vandoni et al. 1994) nicht jedoch für die Subgruppe der männlichen Patienten.

In der Studie von Schiotz et al. waren mechanische Komplikationen bei der suprapubischen Katheterisierung häufiger als bei der transurethralen (Schiotz et al. 1989). In vier Studien war die suprapubische Katheterisierung der transurethralen hinsichtlich nichtinfektiologischer Parameter überlegen, und zwar in puncto Patientenbefinden (Ichsan u. Hunt 1987; Piergiovanni u. Tschantz 1991), Management und Kosteneffektivität (Ichsan u. Hunt 1987), Rekatheterisierungshäufigkeit (Andersen et al. 1985) bzw. frühere normale Blasenfunktion (Bergman et al. 1987) nach Entfernen der Katheter.

Es wurden vier Studien identifiziert, in denen suprapubische im Vergleich zu transurethralen Kathetern bei chirurgischen Patienten, die sich abdominellen Eingriffen unterzogen, evaluiert wurden (O'Kelly et al. 1995; Perrin et al. 1997; Ratnaval et al. 1996; Sethia et al. 1987). In allen vier Untersuchungen wurden die suprapubischen Katheter intraoperativ nach Eröffnung des Abdomens gelegt. In zwei Studien war die Rate der Bakteriurien bzw. Harnwegsinfektionen in der Gesamtgruppe der Patienten, die mit suprapubischen Kathetern versorgt waren, geringer als in der Kontrollgruppe mit transurethralen Kathetern (Perrin et al. 1997; Sethia et al. 1987). Bei der getrennten Analyse nach Geschlecht waren die Unterschiede jedoch nur für Frauen, nicht für Männer signifikant (Perrin et al. 1997; Sethia et al. 1987).

In den beiden anderen Studien wurden keine signifikanten Unterschiede beschrieben (O'Kelly et al. 1995; Ratnaval et al. 1996). Bezüglich anderer Parameter wie Schmerzsymptomatik (O'Kelly et al. 1995), generelle Patientenakzeptanz (Perrin et al. 1997), Wiederherstellung einer normalen Blasenfunktion (Ratnaval et al. 1996) war die suprapubische Katheterisierung der transurethralen überlegen.

Die Bakteriurie bzw. Harnwegsinfektionsrate wird durch eine intermittierende Katheterisierung bzw. eine sog. „In-out-Katheterisierung" nicht reduziert. Auch hinsichtlich nichtinfektiologischer Parameter ergeben sich keine Vorteile.

Bislang wurden Kondomkatheter nach Kenntnis der Autoren nicht in randomisierten Studien evaluiert. Aus anderen Untersuchungen ist jedoch bekannt, daß auch Kondomkatheter ihrerseits einen Risikofaktor für die Entwicklung einer Harnwegsinfektion darstellen (Zimakoff et al. 1996; Ouslander et al. 1987).

Empfehlungen	Kategorie

Händedesinfektion

▪ Vor und nach jeder Manipulation am Harnwegskatheter oder Drainagesystem sollten die Hände desinfiziert werden. — I

Legen des Kathers

▪ Das Legen des Katheters erfolgt aseptisch mit einem sterilen Katheterisierungsset. — I

▪ Es sollen sterile Handschuhe, ein steriles Abdecktuch, sterile Tupfer, eine antiseptische Lösung für die periurethrale Reinigung und einzelverpacktes Gleitmittel benutzt werden. — II

▪ Um Urethraschäden zu minimieren, sollte der transurethrale Harnwegskatheter so dünn wie möglich gewählt werden. Eine adäquate Drainage muß jedoch gewährleistet sein. — I

▪ Transurethrale Harnwegskatheter sollten nach dem Legen sicher fixiert werden, um Bewegungen und Zug an der Urethra zu vermeiden. — I

Zwei randomisierte, kontrollierte Studien konnten zeigen, daß Silikonkatheter in geringerem Maße zu einer katheterinduzierten Urethritis führen als Latexkatheter (Nacey et al. 1985) bzw. als mit Hydrogel oder mit Silikon beschichtete Latexkatheter (Talja et al. 1990).

Am günstigsten erscheint zur Zeit ein neu entwickelter Silber-Hydrogel-beschichteter Harnwegskatheter. In einem Kongreßbeitrag des „Eigth Annual Meeting of the Society for Healthcare Epidemiology of America (SHEA) 1998 wurde über eine randomisierte Doppelblindstudie berichtet, derzufolge der Silber-Hydrogel-beschichtete Harnwegskatheter Harnwegsinfektionen durch Enterokokken, koagulasenegative Staphylokokken und Candidaarten signifikant reduzierte (Maki et al. 1998).

Empfehlungen	Kategorie

Geschlossene Ableitungssysteme

▪ Es sollten nur sterile, geschlossene Drainagesysteme eingesetzt werden. — I

▪ Der Katheter und der Drainageschlauch sollten nicht diskonnektiert werden, es sei denn, der Katheter muß gespült werden.
Nicht empfohlen werden Kathetersysteme, bei denen der Katheter und das Drainagesystem präkonnektiert und versiegelt sind (Platt et al. 1983; DeGroot-Kosolcharoen et al. 1988) **(Kategorie II)** *und das Fixieren von Katheter und Drainagesystem mittels Pflasterstreifen (Huth et al. 1992)* **(Kategorie I)**. — I

▪ Im Falle einer Verletzung der Asepsis, einer Diskonnektion oder eines Leckes im Bereich der Konnektionsstelle von Katheter und Drainageschlauch sollte das Drainagesystem, nach einer Desinfektion der Konnektionsstelle, aseptisch ersetzt werden. — III

Empfehlungen	Kategorie

Spülungen

- Eine Spülung des Katheters sollte grundsätzlich nicht durchgeführt werden. Eine kontinuierliche Spülung kann u.U. erforderlich werden, um z.B. einer Obstruktion durch eine Blutung (z.B. nach einem operativen Eingriff an der Prostata oder Blase) vorzubeugen oder um eine Obstruktion durch eine Blutung oder andere Ursachen zu beseitigen. — **I**

- Die Konnektionsstelle von Katheter und Drainageschlauch sollte vor einer Diskonnektion desinfiziert werden. — **II**

- Zur Spülung sollte mittels aseptischer Technik eine sterile Spritze und eine sterile Spüllösung benutzt werden. — **I**

- Wenn ein Katheter obstruiert ist und nur durch häufige Spülungen offengehalten werden kann, sollte er gewechselt werden. — **II**

- Eine Spülung der Harnblase zur Infektionsprophylaxe ist nicht sinnvoll. — **II**

Gewinnung von Urinproben

- Für die mikrobiologische Diagnostik sollte der Urin, nach vorheriger Desinfektion der Punktionsstelle, aus der dafür vorgesehenen patientennahen Entnahmestelle am Drainagesystem aseptisch entnommen werden. — **I**

- Größere Urinmengen, z.B. zur chemischen Untersuchung, sollten mit Einmalhandschuhen aseptisch aus dem Drainagebeutel abgenommen werden. — **I**

Urinabfluß

- Ein freier Urinabfluß sollte gewährleistet sein. (Gelegentlich kann es erforderlich werden, den Katheter kurzzeitig zur Probenentnahme oder anderen medizinischen Zwecken zu obstruieren.) — **I**

- Um einen unbehinderten Urinabfluß zu erreichen, sollte: — **I**
  - ein Abknicken von Katheter und Drainagesystem vermieden werden,
  - der Drainagebeutel regelmäßig mit einem separaten Behälter für jeden Patienten geleert werden (wobei der unsterile Behälter nicht mit dem Ablaßhahn in Kontakt kommen sollte). Dabei sollten Einmalhandschuhe getragen werden, um eine Kontamination der Hände zu verhindern,
  - ein schlecht funktionierender oder obstruierter Katheter gespült (s. Empfehlungen unter „Spülungen") oder falls erforderlich ersetzt werden,
  - der Drainagebeutel sich stets unter dem Blasenniveau befinden.

Für die Effektivität des sogenannten „Blasentrainings" (Abklemmen des transurethralen Katheters vor Entfernen mit der Vorstellung, die Blasenmuskulatur zu „trainieren") gibt es keine Evidenz. Diese Maßnahme sollte deshalb nicht durchgeführt werden **(Kategorie II).**

Empfehlungen	Kategorie

Pflege des Meatus urethrae und Katheterpflege

Eine routinemäßige Pflege des Meatus urethrae mit Wasser und Seife oder Polyvidonjod hat keinen infektionspräventiven Effekt. *Auch eine Anwendung polyantimikrobieller Salben (Burke et al. 1983; Classen et al. 1991) sowie Silbersulfadiazincreme (Huth et al. 1992) bei der Pflege des Meatus urethrae reduziert die Rate katheterassoziierter Bakteriurien nicht (Kategorie II).*
Um die Bildung von Inkrustierungen am Übergang des Katheters in die Urethra zu vermeiden, kann jedoch das Waschen mit Wasser und Seife im Rahmen der normalen Körperpflege einmal täglich empfohlen werden (Falkiner 1993) (Kategorie III).   **II**

Wechselintervalle

Harnwegskatheter sollten nicht routinemäßig in festen Intervallen gewechselt werden.   **II**

Räumliche Trennung katheterisierter Patienten

Um die Möglichkeit einer Kreuzinfektion zu minimieren, *kann in Erwägung gezogen werden*, infizierte und nicht infizierte katheterisierte Patienten nicht im gleichen Zimmer oder in benachbarten Betten unterzubringen (Fryklund et al. 1997)[a].   **III**

Bakteriologisches Monitoring

Ein regelmäßiges bakteriologisches Monitoring katheterisierter Patienten als Maßnahme zur Infektionskontrolle wird nicht empfohlen, da die Effektivität nicht belegt ist (Burke u. Riley 1996).   **III**

Einsatz von Antibiotika und Antiseptika

- *Blasenspülungen mit Antibiotika (Warren et al. 1978), Polyvidonjod (van den Broek et al. 1985) oder Chlorhexidin (Davies et al. 1987) sollten nicht durchgeführt werden (Kategorie II).*
  [Bei urologischen Patienten wurden für Chlorhexidinblasenspülungen uneinheitliche Ergebnisse beschrieben (Schneeberger et al. 1992; Ball et al. 1987; Adesanya et al. 1993).]

- *Antibiotika oder Antiseptika sollten nicht in den Drainagebeutel gegeben werden (Gillespie et al. 1983; Thompson et al. 1984; Sweet et al. 1985) (Kategorie I).*

- *Eine systemische, prophylaktische Gabe von Antibiotika sollte nicht durchgeführt werden (Burke u. Riley 1996; Warren 1997; Mountokalakis et al. 1985; van der Wall et al. 1992; Rutschmann u. Zwahlen 1995; Bjork et al. 1984; Nyren et al. 1981; Britt et al. 1977; Warren et al. 1982) (Kategorie III).*

Surveillance

Nach den Ergebnissen der SENIC-Studie (Haley et al. 1985) sollte eine Surveillance katheterassoziierter Harnwegsinfektionen durchgeführt werden. Dabei sollten die katheterassoziierten Harnwegsinfektionen auf die Anzahl der Harnwegskathetertage bezogen werden (harnwegskatheterassoziierte Harnwegsinfektionsdichte) (Kategorie II).

---

[a] Eine neuere, nichtrandomisierte Studie konnte bei Pflegeheimbewohnern zeigen, daß diese Maßnahme die Häufigkeit von Übertragungen uropathogener Erreger zwischen Patienten reduziert (Fryklund et al. 1997). Ob diese Maßnahme auch in Akutkrankenhäusern effektiv ist, wurde bislang nicht untersucht.

9.5 Empfehlungen zur Prävention nosokomialer Pneumonien

Untere Atemwegsinfektionen sind inzwischen die zweithäufigsten nosokomialen Infektionen in Deutschland (Rüden et al. 1997), sie sind mit besonders hoher Morbidität, Letalität und Kosten verbunden. 1% aller Patienten in Akutkrankenhäusern der USA entwickelt eine nosokomiale Pneumonie im Verlauf ihres stationären Aufenthaltes (Kollef et al. 1995; Vallés et al. 1995; Maki 1992). In Deutschland liegt die Prävalenz der nosokomialen Pneumonie bei Patienten auf interdisziplinären Intensivstationen bei 9,0 (Rüden et al. 1997).

Jede nosokomiale Pneumonie verursacht zusätzliche direkte Kosten für diagnostische und therapeutische Maßnahmen in Höhe von durchschnittlich 4 880,95 DM (Kappstein et al. 1991). Pneumonien sind jedoch nicht nur eine der häufigsten, sie zählen auch mit zu den gravierendsten Infektionen im Krankenhaus. In den USA sterben jährlich 23 000 Patienten an den Folgen einer nosokomialen Pneumonie (Emori u. Gaynes 1993).

Gewöhnlich wird die nosokomiale Pneumonie durch Bakterien hervorgerufen. In seltenen Fällen kann bei besonders gefährdeten Patienten (Neutropenie) eine Pneumonie auch durch Candida spp. hervorgerufen werden. Ähnlich wie bei anderen nosokomialen Infektionen kann eine solche Candidapneumonie ihren Ursprung in einer endogenen Besiedlung des Patienten haben oder durch exogene Quellen (Hände des medizinischen Personals) bedingt sein (Pfaller 1996). Die hier vorgestellten Empfehlungen beschränken sich auf die Darstellung der bakteriell bedingten Pneumonien. Durch Gemeinsamkeiten im Übertragungsweg können sie aber auch im Hinblick auf Candidapneumonien als geeignete Präventionsempfehlungen gelten.

Nosokomiale Pneumonien, die durch Legionellen, Mykobakterien, Viren oder Pilze hervorgerufen werden, sind ebenfalls zu beachten. Sie haben aber teilweise andere Übertragungswege, deshalb existieren für diese Infektionsarten auch spezielle Präventionsempfehlungen, die unter (Tablan et al. 1994) detailliert nachzulesen sind.

Die Empfehlungen wurden in folgende Gruppen zusammengefaßt:
- Ausbildung des Personals und Surveillance,
- Unterbrechung der Übertragung von Infektionserregern:
    - A. Sterilisation, Desinfektion, Aufbereitung von Geräten und Hilfsmitteln,
    - B. Prävention der Übertragung von Person zu Person,
- Modifikation des endogenen Infektionsrisikos.

Maßnahmen, die sich auf die Anwendung einiger in Deutschland nicht mehr gebräuchlicher Methoden (z.B. „mist tent", Verneblerzelt) beziehen oder die in Deutschland seitens der Medizintechnik ohnehin Standard sind, sind nicht aufgeführt worden.

Analog zum vorausgegangenen Kapitel wurden die Empfehlungen durch die Ergebnisse von in den letzten Jahren veröffentlichten randomisierten kontrollierten Studien ergänzt, sofern sie zu anderen Aussagen als in den bisherigen Empfehlungen führen (s. auch Lacour et al. 1998).

Empfehlungen

Anmerkungen in kursiver Schrift stellen Abweichungen vom Original-HIC-PAC-Text dar!

Es handelt sich hierbei um Modifikationen in Form von Erläuterungen, Ergänzungen oder sich aus neuen Studien ergebenden Änderungen.

Empfehlungen	Kategorie

Ausbildung des Personals und Surveillance

Aus- und Weiterbildung des medizinischen Personals zum Thema nosokomialer Pneumonien und ihrer Präventionsmaßnahmen.	**IA**
Pneumoniesurveillance bei Patienten mit erhöhtem Risiko (beatmete und ausgewählte postoperative Patienten), um Trends bestimmen zu können; Daten über die Erreger und ihre Resistenzmuster sollten eingeschlossen werden. Es sollten Raten (z.B. Anzahl infizierter Patienten oder Infektionen bezogen auf 100 Intensivstationstage oder 1000 Beatmungstage) berechnet werden, um interne Vergleiche im Krankenhaus zu ermöglichen oder Trends zu bestimmen.	
Keine routinemäßige Durchführung eines mikrobiologischen Monitorings der Patienten bzw. eines hygienischen Monitorings der Geräte und Hilfsmittel.	

Unterbrechung der Übertragung von Infektionserregern

A. Sterilisation, Desinfektion, Aufbereitung von Geräten und Hilfsmitteln

1. Allgemeine Maßnahmen

Gründliche Reinigung aller Geräte und Hilfsmittel vor der Desinfektion bzw. Sterilisation.	**IA**
Sterilisation oder Desinfektion von Geräten und Hilfsmitteln, die in direkten oder indirekten Kontakt mit Schleimhäuten des unteren Atemwegtraktes kommen. Desinfektion kann dabei durch thermische oder durch chemische Behandlung erreicht werden. Im Anschluß muß entsprechend gespült, getrocknet, verpackt werden, dabei muß beachtet werden, daß es nicht zur Kontamination kommt.	**IB**
Anwendung von sterilem (kein destilliertes, unsteriles) Wasser für die Spülung der aufbereiteten Geräte und Hilfsmittel, die am Atemtrakt angewendet werden, nachdem sie chemisch desinfiziert wurden.	
Keine Wiederaufbereitung von Geräten und Hilfsmitteln, die zum einmaligen Gebrauch hergestellt wurden, es sei denn Daten zeigen, daß die Wiederaufbereitung zu keiner Gefährdung der Patienten führt, kosteneffektiv ist und die Funktionsfähigkeit der Geräte und Hilfsmittel nicht verändert wird.	**IB**
Keine Empfehlung für die Anwendung von Leitungswasser (als Alternative zum sterilen Wasser) zur Spülung der aufbereiteten Geräte und Hilfsmittel, die am Atemtrakt angewendet werden, unabhängig davon, ob nach dem Spülen getrocknet oder zusätzlich mit Alkohol gespült wird.	**Ungelöste Fragen**

2. Beatmungsgeräte, Beatmungsschläuche, Befeuchter und HMEF ("Heat-and-moisture-exchange-Filter", sog. künstliche Nasen)

Beatmungsgeräte

Keine routinemäßige Sterilisation oder Desinfektion des Kreissystems der Beatmungsgeräte.	**IA**

Empfehlungen	Kategorie

▪ Beatmungsschläuche mit aktivem Befeuchter

Beatmungsschlauchsysteme nicht häufiger als alle 48 h wechseln, einschließlich Schläuche und Exspirationsventil sowie Verneblungs- und Dampfbefeuchtern, solange das Gerät nur bei einem Patienten angewendet wird. — **IA**

Hierzu wurden inzwischen weitere Studien veröffentlicht (Hess et al. 1995; Long et al. 1996; Kollef et al. 1995). Diese Studien zeigten keinen Unterschied in der Rate der Pneumonien zwischen 48stündigem Wechsel und Wechselintervallen von 7 Tagen, bzw. in einer Studie sogar bis zum Ende der Beatmungszeit (Kollef et al. 1995). Daraus wird die Schlußfolgerung gezogen, daß man das Wechselintervall auf 7 Tage verlängern kann, ohne das Pneumonierisiko für die Patienten zu erhöhen.

Sterilisation oder Desinfektion der Beatmungsschläuche und der Befeuchter zwischen der Anwendung bei verschiedenen Patienten. — **IB**

Periodisches Entfernen des Kondenswassers aus dem Beatmungsschlauchsystem; dabei muß darauf geachtet werden, daß kein Kondensat zum Patienten zurückfließt; danach Händedesinfektion.

Keine Anwendung von Bakterienfiltern zwischen dem Befeuchterreservoir und dem Inspirationsschlauch.

Verwendung von sterilem Wasser in den Verneblerbefeuchtern.

Zur Füllung von Dampfbefeuchtern, Verwendung von sterilem, destilliertem oder Leitungswasser. — **II**

Keine Empfehlung für die maximale Zeit, nach der die Schläuche und die angeschlossenen Durchlauf- oder Oberflächenverdunster eines Beatmungsgerätes gewechselt werden müssen. — **Ungelöste Fragen**

Entsprechend den Ergebnissen der Studie von Kollef et al. (1995) brauchen die Schläuche wahrscheinlich bis zum Ende der Beatmungszeit nicht gewechselt zu werden.

Keine Empfehlung zur Verwendung eines Filters oder einer Wasserfalle am distalen Ende des Exspirationsschlauches, um Kondensat zu sammeln.

▪ Beatmungsschläuche mit passiver Atemgasbefeuchtung (HMEF)

Austausch der HMEF („Heat-and-moisture-exchange-Filter", sog. künstliche Nasen) entsprechend der Empfehlung des Herstellers oder wenn Hinweis auf eine erhebliche Kontamination oder mechanische Dysfunktion vorhanden ist. — **IB**

Kein routinemäßiger Beatmungsschlauchwechsel, wenn das System an ein HMEF gekoppelt ist, solange es bei einem Patienten benutzt wird. — **IB**

Keine Empfehlung für die bevorzugte Benutzung eines HMEF als Befeuchtungssystems zur Pneumonieprophylaxe. — **Ungelöste Fragen**

3. Wandständige Befeuchter

Befolgung der Anweisungen der Hersteller für die Benutzung und Instandhaltung von wandständigen Sauerstoffbefeuchtern, es sei denn Daten zeigen, daß eine Modifikation ihrer Instandhaltung oder ihrer Benutzung den Patienten nicht gefährdet und kosteneffektiv ist.

Schläuche einschließlich Nasenklemmen oder Masken, die benutzt werden, um Sauerstoff aus einem Wandauslaß zu liefern, sollen zwischen den Patienten gewechselt werden. — **IB**

Empfehlungen	Kategorie

4. Medikamentenverneblertöpfchen: „Inline"- und tragbare Vernebler

Ausschließliche Benutzung von sterilen Flüssigkeiten für die Verneblung und aseptische Zubereitung dieser Flüssigkeiten.   **IA**

Medikamentenverneblertöpfchen: „Inline"- und tragbare Vernebler sollen zwischen Behandlungen bei demselben Patienten desinfiziert, mit sterilem Wasser gespült oder luftgetrocknet werden.

Wechsel des Verneblers zwischen den Patienten und Ersatz durch einen sterilisierten oder desinfizierten Vernebler.

Wenn Mehrdosenbehältnisse für die zu vernebelnden Medikamente benutzt werden, sind die entsprechenden Herstellerangaben zu Umgang, Lagerung und Verteilung zu befolgen.   **IB**

Keine Empfehlung für die Benutzung von Leitungswasser als Alternative zu sterilem Wasser zum Spülen von wiederverwendbaren Verneblertöpfchen zwischen Behandlungen bei demselben Patienten.   **Ungelöste Fragen**

5. Raumluftbefeuchter

Keine Anwendung von Raumluftbefeuchtern, die Aerosole bilden (z. B. Venturi-Prinzip, Ultraschall, Sprühbefeuchtung) und daher Vernebler sind, sofern sie nicht mindestens täglich sterilisiert oder desinfiziert werden und mit sterilem Wasser befüllt werden können.   **IA**

Raumluftvernebler, die in der Inhalationstherapie angewendet werden, z. B. für Tracheostomapatienten, sollten alle 24 h bei Anwendung am selben Patienten und zwischen der Anwendung bei verschiedenen Patienten sterilisiert oder desinfiziert werden.   **IB**

6. Andere in der Atemtherapie eingesetzte Geräte

Sterilisation oder Desinfektion der wiederverwendbaren Beatmungsbeutel (z. B. Ambu-Beutel) zwischen zwei Patienten.   **IA**

Tragbare Spirometer, Sauerstoffsonden und andere Atemhilfsmitteln, die bei verschiedenen Patienten angewendet werden, sollen zwischen den Patienten sterilisiert oder desinfiziert werden.   **IB**

Keine Empfehlung für die Wechselfrequenz von hydrophoben Filtern, die im Verbindungsstück zum Beatmungsbeutel zwischengeschaltet sind.   **Ungelöste Fragen**

7. Narkosegeräte

Keine routinemäßige Sterilisation oder Desinfektion des Kreissystems der Narkosegeräte.   **IA**

Reinigung und anschließende Sterilisation oder thermische bzw. chemische Desinfektion der wiederaufbereitbaren Teile des Atemkreislaufes [wie Endotrachealtubus oder Maske, Insipirations- und Exspirationsschlauch, Y-Stück, Atembeutel (Reservoir), Befeuchter und Schläuche] zwischen der Anwendung bei verschiedenen Patienten unter Beachtung der entsprechenden Herstellerhinweise.   **IB**

Befolgung der veröffentlichten Richtlinien und Herstellerhinweise betreffend Benutzungsdauer, Reinigung, Desinfektion oder Sterilisation von anderen Komponenten oder Zusatzteilen des Narkosesystems.

Periodisches Abgießen des Kondenswassers im Beatmungsschlauchsystem; dabei muß darauf geachtet werden, daß kein Kondensat zum Patient zurückfließt; danach Händedesinfektion.

Empfehlungen	Kategorie
Keine Empfehlung für die Häufigkeit des routinemäßigen Reinigens und Desinfizierens der Ventile und des CO_2-Absorber-(Atemkalk-)Gefäßes.	**Ungelöste Fragen**
Keine Empfehlung für den Einsatz von Bakterienfiltern im Kreissystem oder Atemkreislauf der Narkosegeräte.	
8. Lungenfunktionsdiagnostik Sterilisation oder Desinfektion wiederverwendbarer Mundstücke und Schläuche zwischen verschiedenen Patienten oder Befolgung der Herstellerhinweise zur Wiederaufbereitung.	**IB**
Keine routinemäßige Sterilisation oder Desinfektion des Kreissystems zwischen verschiedenen Patienten.	**II**
B. Prävention der Übertragung von Person zu Person **1. Händedesinfektion** Händedesinfektion vor und nach Kontakt mit einem intubierten Patienten und vor und nach Kontakt mit jedem Beatmungszubehörteil, unabhängig davon ob Handschuhe benutzt werden oder nicht.	**IA**
2. Handschuhe und Schutzkleidung Bei jedem Kontakt mit Atemsekreten bzw. Gegenständen, die mit Atemsekreten kontaminiert sind, müssen Handschuhe getragen werden.	**IA**
Zwischen dem Kontakt mit verschiedenen Patienten und ebenso nach Umgang mit Atemsekret und jedem Kontakt mit kontaminiertem Material muß ein Handschuhwechsel und eine Händedesinfektion erfolgen.	
Wenn eine Beschmutzung mit Atemsekret zu erwarten ist, sollte Schutzkleidung getragen werden, ein Wechsel der Schutzkleidung muß bei Beschmutzung vor Kontakt mit anderen Patienten durchgeführt werden.	**IB**
3. Tracheostomapflege Durchführung der Tracheotomie unter sterilen Bedingungen.	**IB**
Bei Wechsel eines Trachealtubus aseptische Technik anwenden und Ersatz durch sterile oder desinfizierte Trachealtuben.	
4. Endotracheale Absaugung Zum Durchspülen des Absaugkatheters nur sterile Flüssigkeiten verwenden, bevor der Katheter erneut in den unteren Respirationstrakt des Patienten geschoben wird.	**IB**
Wechsel der Sekretableitungsschläuche (bis zum Sammelgefäß) zwischen den Patienten.	
Wechsel der Sekretauffangbehälter zwischen der Benutzung bei verschiedenen Patienten außer bei Benutzung in Kurzzeitbehandlungsstationen (z. B. Aufwachraum).	
Verwendung steriler Einmalkatheter bei Benutzung offener Absaugsysteme.	**II**
Tragen steriler statt keimarmer Handschuhe beim Absaugen.	
Keine Empfehlung von geschlossenen Mehrfachabsaugsystemen gegenüber dem offenen Einmalabsaugsystem	**Ungelöste Fragen**

Empfehlungen	Kategorie

Modifikation des endogenen Infektionsrisikos

A. Maßnahmen zur Prävention endogener Pneumonien

Unterbrechen der Magen-/Darmsondenernährung und Entfernung aller Devices wie Intubationstuben, Tracheostoma, sobald die klinische Indikation bei den Patienten nicht mehr gegeben ist. **IB**

Aspirationsprävention im Zusammenhang mit enteraler Ernährung

Anheben des Kopfendes des Bettes von Patienten mit hohem Pneumonierisiko (mechanisch beatmete Patienten und/oder Patienten mit Magen-/Darmsonde) bis zu einem Winkel von 30–45°, sofern keine Kontraindikation dafür gegeben ist. **IB**

Routinemäßiges Überprüfen der korrekten Lage der Ernährungssonde. **IB**

Routinemäßige Überprüfung der Darmbewegungen des Patienten und entsprechendes Anpassen der enteralen Ernährung zur Vermeidung von Regurgitation.

Keine Empfehlung für eine bevorzugte Anwendung von englumigen Ernährungssonden. **Ungelöste Fragen**

Keine Empfehlung für eine kontinuierliche oder intermittierende Nahrungszufuhr.

Keine Empfehlung für die bevorzugte Lage von Ernährungssonden distal des Pylorus.

Aspirationsprävention im Zusammenhang mit endotrachealer Intubation

Vor der Entblockung (vor dem Entfernen oder Bewegen des Tubus) muß gesichert sein, daß die Sekrete oberhalb des Cuffs entfernt sind. **IB**

Keine Empfehlung zur Verwendung von orotrachealen statt nasaler Tuben zur Prävention der Aspiration, die mit der Intubation assoziiert ist. **Ungelöste Fragen**

Keine Empfehlung zur routinemäßige Verwendung von Tuben mit einem separaten Absaugkanal über dem Cuff, der das kontinuierliche oder intermittierende Absaugen von Atemsekret erlaubt, welches sich im subglottischem Raum ansammelt. *Inzwischen ist eine randomisierte kontrollierte Studie guter Qualität erschienen (Vallés et al. 1995), die den Vorteil des kontinuierlichen Absaugens für die Pneumonieprävention nachgewiesen hat.*

3. Prävention zum Schutz vor gastraler Kolonisation

Wenn eine Streßulkusprophylaxe bei beatmeten Patienten notwendig ist, sollten Medikamente zur Anwendung kommen, die nicht zur Alkalisierung des Magensaft-pH führen. **II**

Keine Empfehlung für die selektive Darmdekontamination bei schwerkranken, mechanisch beatmeten oder Intensivpatienten mit oralen oder intravenösen Antibiotika, um Pneumonien durch gramnegative Bakterien (oder Candida spp.) zu verhindern. **Ungelöste Fragen**

Keine Empfehlung zur routinemäßigen Ansäuerung der Sondennahrung zur Pneumonieprophylaxe.

B. Prävention postoperativer Pneumonien

Präoperative Information des Patienten (insbesondere Hochrisikopatienten), daß sie in der postoperativen Periode häufig husten, tief einatmen und so schnell wie medizinisch indiziert aufstehen sollen. Hochrisikopatienten sind: Patienten mit Bauch-, Thorax- oder Halsoperationen, Patienten mit gravierender Lungendysfunktion wie chronische obstruktive Lungenerkrankungen, Abnormalität des Thorax oder pathologischem Lungenfunktionstest.

Empfehlungen	Kategorie
Ermutigung der postoperativen Patienten, häufig zu husten, tief einzuatmen und schnell aufzustehen, sofern es nicht medizinisch kontraindiziert ist.	IB
Schmerztherapie mit systemischen Analgetika, inklusive patientenkontrollierter Analgesie mit möglichst geringer Unterdrückung des Hustenreizes, wenn die Schmerzen Husten und tiefes Einatmen in der postoperativen Periode behindern; geeignete Unterstützung bei abdominellen Wunden wie Bauchbinden oder Regionalanästhesie.	
Anwendung von Atemtrainingsgeräten bei Hochrisikopatienten.	II
C. Weitere Maßnahmen zur Pneumonieprophylaxe	
1. Impfungen	
Pneumokokkenimpfung bei entsprechenden Hochrisikopatienten (Patienten ≥65 Jahre, Erwachsene mit chronischen kardiovaskulären oder Lungenerkrankungen, Diabetes mellitus, Alkoholismus, Zirrhose oder Liquorfistel und Kinder oder Erwachsene mit Immunsuppression, funktioneller oder morphologischer Asplenie oder HIV-Infektion).	IA
2. Antimikrobielle Prophylaxe	
Keine Gabe von systemischen Antibiotika zur Prophylaxe.	IA
3. Lagerungstechniken	
Keine Empfehlung für die routinemäßige Anwendung von „kinetischen Betten" oder kontinuierlicher seitlicher Rotationstherapie bei Intensivpatienten, kritisch Kranken oder durch Krankheit oder Unfall immobiler Patienten.	**Ungelöste Fragen**

9.6 Empfehlungen zur Prävention intravaskulärer katheterassoziierter Infektionen

Gefäßzugänge sind in der medizinischen Versorgung ein in vielen Fällen unverzichtbarer Bestandteil der Behandlung geworden. Diese umfaßt die Gabe von intravenösen Flüssigkeiten, Medikamenten, Blutprodukten und die parenterale Ernährung. Zugleich ermöglichen sie auch die Überwachung des hämodynamischen Status schwer erkrankter Patienten. Diesen Vorteilen stehen jedoch auch Nachteile gegenüber, die das direkte Einbringen eines Fremdkörpers in das Gefäßsystem mit sich bringt und die eine sorgfälltige Abwägung hinsichtlich des Gebrauchs von Gefäßzugängen erfordern.

Neben der Gefahr mechanischer und chemisch bedingter Komplikationen (z. B. Thrombophlebitis) besteht insbesondere die Möglichkeit einer lokalen oder systemischen Infektion, die erst durch das Durchbrechen der Haut als natürliche Schutzbarierre möglich oder zumindest begünstigt wird. Das Eindringen der Mikroorganismen bzw. ihrer Toxine kann sowohl über die Einstichstelle, verbunden mit einer Katheterkolonisation, als auch über kontaminierte Flüssigkeiten erfolgen.

Die gefäßkatheterassoziierte Sepsis gehört mit zu den wichtigsten nosokomialen Infektionen auf Intensivstationen. Die Prävalenz liegt hier bei 2,15 (Maki 1992). Die Zahl der nosokomial bedingten Sepsen wird in den USA auf jährlich 200 000 geschätzt (Girou u. Brun-Buisson 1996). Die Bedeutung dieser Infektion liegt jedoch weniger in ihrer Häufigkeit als vielmehr in ihrem Einfluß auf die Letalität begründet. Für die nosokomiale Sepsis wird das zwei- bis vierfache Todesrisiko im Vergleich zu nicht infizierten Patienten angegeben (Bregenzer et al. 1995). Vor diesem Hintergrund veröffentlichte das Hospital Infection Control Practices Advisory Committee (HIC-PAC) Empfehlungen zur Prävention intravaskulärer Infektionen.

Diese Empfehlungen (Pearson u. the Hospital Infection Control Practices Advisory Committee 1996) wurden mit dem Ziel entwickelt, die infektiösen Komplikationen im Zusammenhang mit intravaskulären Zugängen zu senken. Die Empfehlungen sollten im Zusammenhang mit eigenen klinischen Erfahrungen bezüglich katheterassoziierter Infektionen und anderer Komplikationen (z.B. Thrombose, Hämorrhagien, Pneumothorax) sowie dem Vorhandensein von im Legen intravaskulärer Zugänge speziell geschulten Personals gesehen werden (s. auch Lacour et al. 1998).

Empfehlungen

Anmerkungen in kursiver Schrift stellen Abweichungen vom Original-CDC/ HICPAC-Text dar!

Es handelt sich hierbei um Modifikationen in Form von Erläuterungen, Ergänzungen oder sich aus neuen Studien ergebende Änderungen.

■ Allgemeine Empfehlungen im Umgang mit intravaskulären Zugängen

Empfehlungen	Kategorie
1. Ausbildung des Personals und Surveillance Laufender Unterricht und Training bezüglich der Indikationsstellung, des Legens und der Pflege intravaskulärer Zugänge sowie angemessene Infektionskontrollmaßnahmen. Audiovisuelles Lernen kann hierbei ein nützliches Zusatzangebot zu den üblichen Lehrmethoden sein.	IA
2. Überwachung katheterassoziierter Infektionen Bestimmung von Infektionsraten, Beobachtung von Trends und Hilfestellung innerhalb der Institution bei der Infektionsprävention. Darstellung der Daten in Form von katheterassoziierten Blutstrominfektionen pro 1000 Kathetertage zur Erleichterung des Vergleichs mit nationalen Trends.	IB
Tägliche Palpation der Kathetereintrittsstelle durch den intakten Verband.	
Inspektion der Kathetereintrittsstelle, wenn der Patient bei der Palpation Schmerzen hat oder Fieber unklarer Genese hat, Zeichen einer lokalen Infektion oder einer Sepsis entwickelt.	
Datum und Uhrzeit der Katheteranlage sind an gut sichtbarer Stelle in unmittelbarer Nähe der Einstichstelle (z.B. auf dem Verband) zu notieren. Keine routinemäßigen mikrobiologischen Kulturen zur Überwachung von Patienten mit Gefäßzugängen.	
Große, unhandliche Verbände, die eine Palpation verhindern, sollten täglich zur Inspektion entfernt und erneuert werden.	II

Empfehlungen	Kategorie

3. Händedesinfektion
Händedesinfektion vor und nach jeder Palpation, dem Legen oder Wechsel eines Katheters sowie dem Verbandwechsel.   **IA**

4. Maßnahmen während des Legens und der Pflege von Gefäßzugängen
Aus Personalschutzgründen ist das Tragen von Vinyl- oder Latexhandschuhen beim Legen eines Gefäßkatheters erwünscht.   **IB**

Tragen von Vinyl- oder Latexhandschuhen beim Verbandwechsel.

Keine Empfehlung für den Gebrauch steriler anstelle unsteriler Handschuhe beim Verbandwechsel.   **Ungelöste Fragen**

5. Legen eines Katheters
Keine routinemäßige Hautinzision als Methode zum Legen eines Katheters.   **IA**

6. Pflege der Kathetereinstichstelle
a) Hautdesinfektion
Vor dem Legen eines Gefäßkatheters Hautdesinfektion mit 70%igem Alkohol oder 10%iger PVP-Jodlösung. Angemessene Einwirkzeit des Desinfektionsmittels vor dem Einstich beachten.   **IA**

Nach der Hautdesinfektion keine Palpation der Einstichstelle (dies gilt nicht für streng aseptisches Vorgehen, wenn der Operateur in einem sterilen Gebiet arbeitet).

Wenn vor Abnahme einer Blutkultur eine Jodtinktur zur Desinfektion benutzt wurde, muß diese mit Alkohol wieder entfernt werden.   **II**

b) Verbände
Verwendung von steriler Gaze oder transparenten Verbänden zum Abdecken der Kathetereintrittstelle.   **IA**

Vermeiden einer Verunreinigung durch Berührung der Einstichstelle während des Verbandwechsels.

Belassen des Verbandes bis zum Katheterwechsel bzw. -entfernung oder wenn sich der Verband gelöst hat, durchnäßt oder verschmutzt ist. Bei stark schwitzenden Patienten sollte der Verband häufiger gewechselt werden.   **IB**

7. Auswahl und Wechsel der Gefäßkatheter
Wahl eines Katheters mit dem relativ niedrigsten Komplikationsrisiko (infektiöse gegen nichtinfektiöse Komplikationen) und den niedrigsten Kosten. Risiken und Nutzen eines Katheterwechsels nach einem festen, zur Infektionsprophylaxe empfohlenen Zeitplan müssen gegen die Risiken mechanischer Komplikationen und dem Vorhandensein alternativer Einstichstellen abgewogen werden. Die Entscheidung bezüglich des Kathetertyps und der Wechselfrequenz muß individuell für den jeweiligen Patienten getroffen werden.   **IA**

Entfernung des Gefäßzugangs, sobald keine Indikation mehr besteht.

8. Wechsel von Überleitungssystemen und Infusionsflüssigkeiten
a) Überleitungssysteme
Das Überleitungssystem verbindet den Lösungsbehälter mit dem Katheter.
Generell gehört von der Spitze des Schlauchs, die in die Infusionsflasche mündet, bis zur Konnexionsstelle zum Katheter, alles zum Überleitungssystem *einschließlich Tropfkammer, Schlauch mit Konus und Abklemmvorrichtung.*

Empfehlungen	Kategorie
Wechsel der Infusionsleitungen einschließlich der 3-Wege-Hähne und der „piggybacks" (*piggyback: Alternative zu 3-Wege-Hähnen, sog. „Huckepacksystem" zum parallelen Einlaufen von z.B. Lipidlösung während einer Infusion*) nicht häufiger als im 72-h-Intervall außer bei klinischer Indikation.	IA
Wechsel der Infusionsleitungen innerhalb von 24 h, wenn diese zur Verabreichung von Blut, Blutprodukten oder Lipidlösungen verwendet wurden.	IB
Ein kurzes Verlängerungsstück, welches am Gefäßzugang angeschlossen wird, kann die Einhaltung einer aseptischen Technik beim Wechsel des Überleitungssystems erheblich erleichtern. Der Wechsel des Verlängerungstücks erfolgt dann beim Wechsel des Gefäßzugangs.	II
Keine Empfehlung für den Wechsel von Infusionsleitungen, die für eine intermittierende Gabe von Infusionslösungen benutzt werden.	**Ungelöste Fragen**

b) Infusionslösungen

Lipidhaltige Infusionen zur parenteralen Ernährung sollten innerhalb von 24 h infundiert sein.	IB
Wenn Lipidlösungen alleine verabreicht werden, sollten diese innerhalb von 12 h infundiert sein.	
Keine Empfehlung zur Hängedauer von parenteral zu verabreichenden Flüssigkeiten, einschließlich nichtlipidhaltiger Flüssigkeiten, die zur parenteralen Ernährung bestimmt sind.	**Ungelöste Fragen**

9. Injektionsteil zum Zuspritzen von Medikamenten (Zuspritzmöglichkeit)

Desinfektion der Zuspritzmöglichkeit mit 70%igem Alkohol oder 10%iger PVP-Jodlösung vor der Injektion in das System.	IA

10. Zubereitung und Qualitätskontrolle von Infusionslösungen und -zusätzen
a) Allgemeine Maßnahmen

Überprüfung aller Infusionsflaschen auf sichtbare Trübungen, Schäden, Risse, Partikel und auf das vom Hersteller angegebene Verfalldatum.	IA
Zumischung aller parenteral zu verabreichenden Flüssigkeiten in der Apotheke unter Laminar-flow-Bedingungen und unter aseptischer Arbeitstechnik.	IB
Wann immer es möglich ist, sollten Eindosenbehälter verwendet werden.	II

b) Benutzung von Mehrdosenbehältern

Falls Mehrdosenbehälter benutzt werden, sollten diese nach dem Anbruch im Kühlschrank gelagert werden (ausgenommen der Hersteller macht andere Angaben).	
Reinigung des Gummistopfens mit Alkohol vor dem Einstechen mit einer Kanüle. Falls Mehrdosenbehälter für parenterale Zusätze oder Medikamente verwendet werden, Benutzung einer sterilen Kanüle und Spritze bei jedem Einstechen. Eine Kontamination der Kanüle vor dem Einstechen ist zu vermeiden.	
Mehrdosenbehälter sollten verworfen werden, sobald sie leer, vermutlich oder sichtbar kontaminiert sind oder die Haltbarkeitsgrenze erreicht ist.	IA

11. Gebrauch von Filtern

Keine routinemäßige Benutzung von Filtern zur Infektionsprophylaxe.	IA

12. Geschultes Personal

Für das Legen und die Pflege von Kathetern Einteilung von Personal, das im Umgang mit Gefäßzugängen speziell geschult ist.	IB

Empfehlungen	Kategorie

13. Nadellose Gefäßzugänge
Keine Empfehlungen bezüglich Gebrauch, Pflege und Wechselfrequenz von nadellosen Gefäßzugängen. — **Ungelöste Fragen**

14. Prophylaktische Antibiotikagaben
Keine routinemäßige Verabreichung von Antibiotika zur Prophylaxe einer Katheterkolonisation oder Kathetersepsis vor dem Legen oder während der Anwendung von Gefäßzugängen. — **IB**

▨ Periphere Venenkatheter

Empfehlungen	Kategorie

1. Auswahl des Katheters
Bei der Benutzung von Infusionslösungen und Medikamenten, welche bei versehentlich extravaskulärer Gabe Gewebenekrosen verursachen können, sollten keine Stahlnadeln verwendet werden. — **IA**

Auswahl des Katheters basierend auf beabsichtigter Verwendung, Dauer, bekannten Komplikationen (Phlebitis und Infiltration) und eigenen Erfahrungen. Verwendung von Teflon-, Polyurethankathetern oder Stahlnadeln.

Der Gebrauch von Midlinekathetern (*peripher in der Kubitalvene inserierte, ca. 18–20 cm lange Katheter, die jedoch keine zentralen Venen erreichen*) sollte in Betracht gezogen werden, wenn die i.v.-Therapie voraussichtlich länger als 6 Tage dauern wird. — **IB**

Keine Empfehlung für die Verwendung antimikrobiell beschichteter peripherer Venenkatheter. — **Ungelöste Fragen**

2. Wahl der Kathetereinstichstelle
Bei Erwachsenen Bevorzugung der oberen gegenüber den unteren Extremitäten beim Legen eines Katheters. Wechsel eines Katheters von der unteren zur oberen Extremität sobald wie möglich. — **IA**

Bei pädiatrischen Patienten sollte der Kopfhaut, der Hand oder dem Fuß der Vorzug beim Legen eines Katheters vor dem Bein, dem Arm, oder der Armbeuge als Einstichstelle gegeben werden. — **II**

Entfernung des Katheters, wenn der Patient Zeichen einer Phlebitis (Überwärmung, Schmerz, Rötung, tastbarer Venenstrang) an der Einstichstelle entwickelt. — **IA**

Bei Erwachsenen Wechsel des peripheren Venenkatheters und Rotation der Einstichstelle alle 48–72 h, um die Gefahr einer Phlebitis zu reduzieren. Wechsel des peripheren Katheters innerhalb von 24 h, wenn er unter Notfallbedingungen (ohne Einhaltung aseptischer Techniken) gelegt worden ist.
Inzwischen gibt es neuere Untersuchungen, die darauf hinweisen, daß routinemäßige Wechsel nicht oder seltener erforderlich sind (Bregenzer et al. 1995; Lai 1998).

Bei Erwachsenen sollten „heparin locks" (*spezieller, mit einer Gummimembran verschlossener Zugang, den man zum Zuspritzen durchstechen muß*) alle 96 h gewechselt werden. — **IB**

Empfehlungen	Kategorie
Bei pädiatrischen Patienten keine Empfehlungen zum Wechsel peripherer Venenkatheter oder zur Entfernung eines unter Notfallbedingungen gelegten Katheters.	
Keine Empfehlung bezüglich der Wechselfrequenz von Midlinekathetern.	**Ungelöste Fragen**

4. Pflege des Katheters und der Einstichstelle

a) Spüllösungen, Antikoagulantien, andere i.v. Zusätze und topische Wirkstoffe

Routinemäßiges Durchspülen peripherer venöser „heparin locks" *(s. oben)* mit physiologischer Kochsalzlösung, es sei denn, sie werden zur Entnahme von Blutproben verwendet. In diesem Fall sollte verdünnte Heparinlösung zum Spülen verwendet werden.	**IB**
Keine Empfehlung bezüglich des routinemäßigen Gebrauchs topischer gefäßerweitender oder entzündungshemmender Substanzen (z.B. Glukokortikoide) in der Umgebung der Einstichstelle als Phlebitisprophylaxe.	**Ungelöste Fragen**
Keine Empfehlung hinsichtlich des routinemäßigen Gebrauchs von Hydrokortison oder Heparin in parenteralen Lösungen, um die Phlebitisrate zu senken.	

b) Hautdesinfektion und antimikrobiell wirksame Salben

Keine routinemäßige Applikation von antimikrobiellen Salben auf die Insertionsstelle des peripheren Venenkatheters.	**IB**

Zentrale Venen- und Arterienkatheter

Empfehlungen	Kategorie

1. Auswahl des Katheters

Verwendung von peripher gelegten zentralen Venenkathetern, getunnelten Kathetern (z.B. Hickman- oder Broviac-Katheter, Groshong) oder implantierbaren Gefäßzugängen (z.B. Ports) bei Patienten ab 4 Jahren, bei denen absehbar ist, daß der Gefäßzugang länger als 30 Tage benötigt wird.	
Implantierte Gefäßzugänge sollten bei jüngeren Patienten (< 4 Jahre), bei denen ein Gefäßzugang über längere Zeit benötigt wird, in Betracht gezogen werden.	**IA**
Verwendung einlumiger Katheter, es sei denn mehrere Zugänge sind für die Behandlung des Patienten erforderlich.	**IB**
Bei Erwachsenen ist die Verwendung von silberimprägnierten Kollagencuffs *(Manschetten, die gegen Hautkeime ein mechanisches und antimikrobielles Hindernis darstellen sollen)* oder antimikrobiell imprägnierten zentralen Venenkathetern in Betracht zu ziehen, wenn nach Einhaltung von anderen Infektionskontrollmaßnahmen weiterhin eine inakzeptable hohe Infektionsrate besteht.	**II**
Inzwischen liegen einige neue Studien vor, die auf die Wirksamkeit von antimikrobiell imprägnierten Kathetern bei einem besonderen Patientengut hinweisen (Maki et al. 1997; Raad et al. 1997; Darouiche et al. 1999).	
Benennung von trainiertem Personal zum Legen der Katheter mit Cuff, um eine maximale Effizienz zu sichern und um mögliche Sekretabsonderungen zu verhindern.	

Empfehlungen	Kategorie
Bei pädiatrischen Patienten keine Empfehlung zur Verwendung von antimikrobiell imprägnierten Zentralvenenkathetern.	**Ungelöste Fragen**

2. Auswahl der Kathetereinstichstelle

Abwägen von Risiken und Nutzen einer in Bezug auf die Infektionskomplikationen empfohlenen Einstichstelle gegen die Risiken mechanischer Komplikationen (z. B. Pneumothorax, Hämatothorax, Katheterdislokation).	**IA**
Die Punktion der V. subclavia ist der Punktion der V. jugularis oder der V. femoralis vorzuziehen, es sei denn, es bestehen medizinische Kontraindikationen (Koagulopathien, anatomische Deformationen).	**IB**
Keine Empfehlung bezüglich der bevorzugten Insertionsstelle für Swan-Ganz-Pulmonalarterienkatheter.	**Ungelöste Fragen**

3. Vorsichtsmaßnahmen beim Legen von Kathetern

Legen eines ZVK oder eines arteriellen Katheters unter sterilen Bedingungen (steriler Kittel, sterile Handschuhe, Mund-Nasen-Schutz, großes steriles Abdecktuch).	**IB**

4. Katheterwechsel
a) Allgemeine Maßnahmen

Kein routinemäßiger Wechsel von nichtgetunnelten, zentralen Venenkathetern zur Verhinderung von katheterbedingten Infektionen.	**IA**
Wechsel von Pulmonalarterienkathetern mindestens alle 5 Tage.	**IB**
Wenn es durchführbar ist, sollte die Einführungshülse *(Schleuse)* bzw. Leitsonde des arteriellen Katheters alle 5 Tage gewechselt werden, auch wenn der Katheter entfernt worden ist.	
Keine Empfehlung bezüglich der Wechselfrequenz peripher gelegter zentraler Venenkatheter.	**Ungelöste Fragen**
Keine Empfehlung zur Häufigkeit des Wechsels eines implantierten Zugangs (z. B. Port) oder der Kanülen *(Hubernadel)*, die man zum Anstechen des Zugangs verwendet.	
Keine Empfehlung für die Entfernung von zentralen Venenkathetern, die unter Notfallbedingungen (nicht aseptischen Bedingungen) gelegt wurden.	

b) Führungsdrahtwechsel

Kein Katheterwechsel über einen Führungsdraht, wenn eine katheterbedingte Infektion belegt ist. Falls der Patient weiterhin einen Gefäßzugang benötigt, Entfernung des betreffenden Katheters und Ersatz durch einen neuen an anderer Stelle.	**IA**
Führungsdrahtunterstützter Ersatz eines defekten Katheters oder Tausch eines Katheters über einen Führungsdraht nur unter der Voraussetzung, daß kein Anhalt für eine Katheterinfektion besteht.	**IB**
Wenn der Verdacht auf eine katheterassoziierte Infektion ohne Anhalt einer lokalen, Katheter bedingten Infektion (eitriges Sekret, Rötung, Druckschmerz) besteht, Wechsel des Katheters über einen Führungsdraht, Einschicken des entfernten Katheters zur mikrobiologischen Untersuchung, Belassen des neu gelegten Katheters bei negativem Untersuchungsergebnis. Falls die Untersuchung des Katheters einen Anhalt für eine Kolonisation/Infektion ergibt, Entfernung des ausgewechselten Katheters und Legen eines neuen zentralen Venenzugangs an anderer Stelle.	

Empfehlungen	Kategorie
5. Pflege des Katheters und der Kathetereinstichstelle	
a) Allgemeine Maßnahmen	
Einlumige Katheter, die zur parenteralen Ernährung bestimmt sind, dürfen ausschließlich für diesen Zweck benutzt werden (nicht zur Verabreichung von anderen Flüssigkeiten, Blut oder Blutprodukten).	IB
Desinfektion der Konnexionsstelle des Katheters bevor Systeme angeschlossen werden *(Überleitungssysteme, Systeme zur Druckmessung u. a.)*.	
Wenn ein mehrlumiger Katheter für die parenterale Ernährung genutzt wird, wird ein Zugang bestimmt, der dann ausschließlich zur parenteralen Ernährung genutzt wird (über diesen keine Verabreichung von anderen Flüssigkeiten, Blut oder Blutprodukten).	II
Keine Empfehlung bezüglich der Entnahme von Blut für Blutkulturen aus zentralen Gefäßzugängen.	**Ungelöste Fragen**
b) Spüllösungen, Antikoagulantien und andere i.v.-Zusätze	
Routinemäßiges Spülen von zentralen Venenverweilkathetern (z. B. Hickman und Broviac) mit Antikoagulantien. Groshongs (spezielle Katheter mit schlitzartigen Öffnungen an der Spitze, die sich erst bei einem bestimmten Druck öffnen) sollten nicht routinemäßig mit Antikoagulantien durchgespült werden.	IB
c) Hautdesinfektion und antimikrobielle Salben	
Kein Aufbringen organischer Lösungsmittel (z. B. Azeton) auf die Haut, bevor ein Katheter zur parenteralen Ernährung gelegt wird.	IA
Keine routinemäßige Applikation von antimikrobiellen Salben auf die Insertionstelle des zentralen Venenkatheters.	IB
d) Verbandwechsel	
Wechsel des Verbands des zentralen Gefäßkatheters bei Durchfeuchtung, Verschmutzung, Lockerung, notwendiger Inspektion der Einstichstelle oder beim Katheterwechsel.	IB
Keine Empfehlung bezüglich der Häufigkeit eines routinemäßigen Verbandwechsels.	**Ungelöste Fragen**

Zusätzliche Empfehlungen für zentralvenöse Hämodialysekatheter

Empfehlungen	Kategorie
1. Auswahl des Katheters	
Benutzung geblockter zentraler Venenkatheter für die Hämodialyse, wenn die voraussichtliche Liegedauer des Katheters mehr als 1 Monat beträgt.	IB
2. Auswahl der Einstichstelle	
Keine Empfehlung bezüglich einer bevorzugten Einstichstelle zum Legen eines zentralvenösen Hämodialysekatheters.	**Ungelöste Fragen**
3. Wechsel des Katheters	
Keine Empfehlung hinsichtlich des Katheterwechsels, wenn der Patient ohne ersichtlichen Grund Fieber entwickelt.	**Ungelöste Fragen**

Empfehlungen	Kategorie

4. Pflege des Katheters und der Kathetereinstichstelle

a) Allgemeine Maßnahmen

Manipulationen am Katheter einschließlich des Verbandwechsels sollten nur von speziell trainiertem Personal vorgenommen werden. — **IB**

Hämodialysekatheter sollten nur zur Hämodialyse verwendet werden. Die Benutzung zu anderen Zwecken (Verabreichung von Flüssigkeiten, Blut, Blutprodukten oder zur parenteralen Ernährung) sollte auf die Fälle beschränkt bleiben, bei denen keine anderen Gefäßzugänge möglich sind. — **II**

b) Verbandwechsel

Verbandwechsel nach jeder Hämodialyse oder wenn der Verband durchnäßt ist, verschmutzt ist oder sich gelockert hat. — **IB**

c) Hautdesinfektion und antimikrobielle Salben

Auftragen einer PVP-Jodsalbe auf die Kathetereinstichstelle nach jedem Verbandwechsel. — **IB**

▪ Periphere Arterienkatheter und intravaskuläre Blutdruckmeßgeräte

Empfehlungen	Kategorie

1. Auswahl des Blutdrucküberwachungssystems

Wenn es möglich ist, sollte bei der Auswahl der Transducergeräte *(Druckaufnehmer)* Einmalartikeln (gegenüber den mehrfach zu verwendenden Geräten) der Vorzug gegeben werden. — **IA**

2. Wechsel der Katheter und der Blutdrucküberwachungssysteme

Bei Erwachsenen sollte zur Infektionskontrolle der Wechsel der peripheren Arterienkatheter und der Kathetereinstichstelle nicht häufiger als alle 4 Tage erfolgen. Wechsel von einmal- oder wiederverwendbaren Transducern im 96-h-Intervall. Wechsel anderer Komponenten des Systems, einschließlich des Schlauchs, des Spülgerätes und der Spülflüssigkeit sollten gleichzeitig mit dem Wechsel des Transducers erfolgen. Wechsel des Arterienkatheters und des gesamten Monitoringsystems, wenn der Patient bei liegendem Katheter eine „hochgradige" (persistierende) Bakteriämie entwickelt; unabhängig davon, welche Ursache die Bakteriämie hat. 24–48 h nach Beginn einer antimikrobiellen Therapie sollten der Katheter und das Monitoringsystem wieder gelegt werden. — **IB**

Bei pädiatrischen Patienten keine Empfehlung zur Wechselfrequenz der peripheren Arterienkatheter. — **Ungelöste Fragen**

3. Pflege des Blutdrucküberwachungssystems

a) Allgemeine Maßnahmen

Alle Komponenten des Blutdrucküberwachungssystems müssen steril sein (einschließlich der Eichgeräte und der Spülflüssigkeit). — **IA**

Empfehlungen	Kategorie
Die Anzahl der Manipulationen und der Eingriffe in das Blutdrucküberwachungssystem sollten möglichst gering gehalten werden. Um die Durchgängigkeit des Blutdrucküberwachungssystems aufrecht zu erhalten, sollte ein geschlossenes Spülsystem (kontinuierliche Spülung) einem offenen System (welches Spritzen oder einen 3-Wege-Hahn benötigt) vorgezogen werden. Wenn 3-Wege-Hähne benutzt werden, müssen diese wie ein steriles Feld behandelt und mit einer Kappe oder einer Spritze abgedeckt werden, solange sie gerade gebraucht werden.	
Wenn das Blutdrucküberwachungssystem mit einer Gummimembran anstelle eines 3-Wege-Hahns ausgestattet ist, muß die Membran mit einem Desinfektionsmittel abgewischt werden bevor die Membran durchstochen wird.	
Keine Gabe von dextrosehaltigen Lösungen oder Flüssigkeiten zur parenteralen Ernährung über das Blutdrucküberwachungssystem.	
Keine routinemäßige Blutentnahmen aus dem Blutdrucküberwachungssystem, wenn nicht arterielles Blut benötigt wird.	IB
b) Sterilisation oder Desinfektion des Blutdrucküberwachungssystems Sterilisation und Desinfektion wiederverwendbarer Transducer nach Angaben des Herstellers.	IA
Sterilisation und Desinfektion des Transducers in der Zentralsterilisation. Nur in Notfallsituationen Wiederaufbereitung und Desinfektion des wiederverwendbaren Transducers im Pflegebereich.	IB

9.7 Empfehlungen zur Prävention postoperativer Wundinfektionen

Postoperative Wundinfektionen gehören zu den häufigsten nosokomialen Infektionen. Die meisten sind oberflächlich (ca. 70–80%), v. a. tiefe Wundinfektionen führen aber zu erheblicher Verlängerung der Verweildauer im Krankenhaus und zu zusätzlichem Leid für die Patienten.

Die hier vorgestellten Guidelines sind die im April 1999 von den CDC veröffentlichte „Guideline for the Prevention of Surgical Site Infections" (Mangram et al. 1999). Sie sind eine aktuelle Überarbeitung der CDC-Guidelines zur Prävention postoperativer Wundinfektionen aus dem Jahre 1985 (Centers for Disease Control and Prevention 1986).

Zusätzlich berücksichtigt wurden die 1992 veröffentlichten gemeinsamen Empfehlungen eines Konsensuspapiers dreier Fachgesellschaften der USA (Surgical Infection Society, Society of Health Care Epidemiology, Association for Professionals in Infection Control and Epidemiology), die eine ähnliche Gliederung der Maßnahmen nach der Evidenz ihrer Effektivität in die Gruppen „definite", „likely" und „possible" vorgenommen haben (Sherertz et al. 1992).

Für einige der Empfehlungen und die Durchführung einer risikofaktorenbezogenen Surveillance ist die Kenntnis der Wundkontaminationsklassen erforderlich.

Es gelten die im folgenden aufgeführten Definitionen.

Wundkontaminationsklassen (Garner 1986 und Simmons 1982)

1: aseptische Wunden
Nichtinfiziertes Operationsgebiet ohne Zeichen einer Entzündung und keine Eröffnung des Respirations-, Gastrointestinal-, Genital- oder des nichtinfizierten Harntraktes. Die Wunden sind primär verschlossen und wenn nötig mit einer geschlossenen Drainage versorgt. Operative Inzisionen nach nicht penetrierenden (stumpfen) Verletzungen gehören ebenfalls in diese Kategorie, sofern die vorgenannten Kriterien erfüllt werden.

2: bedingt aseptische Wunden
Operative Wunden, bei denen der Respirations-, Gastrointestinal-, Genital- oder Harntrakt unter kontrollierten Bedingungen und ohne außergewöhnliche Kontamination eröffnet wurde. Hierzu gehören Operationen des biliären Trakts, Appendix, Vagina und Oropharynx, vorausgesetzt es liegen keine Hinweise auf eine Infektion vor und die (aseptische Operations-)Technik wurde nicht grob verletzt.

3: kontaminierte Wunden
Offene, frische, akzidentelle Wunden. Operationen mit einem größeren Bruch in der aseptischen Technik (z. B. offene Herzmassage) oder erheblicher Ausbreitung von Darmflüssigkeit. Inzisionen, bei denen man auf akute, nichteitrige Entzündungen trifft, gehören ebenenfalls in diese Kategorie.

4: septische Wunden
Alte Unfallwunden mit devitalisiertem Gewebe und Wunden mit klinischer Infektion oder bei denen Hohlorgane des Gastrointestinaltraktes perforiert sind. Diese Wundkontaminationsklasse besagt, daß der Erreger einer postoperativen Infektion bereits vor der Operation im Operationsfeld anwesend war.

Empfehlungen

Anmerkungen in kursiver Schrift stellen Abweichungen vom Original-CDC/HICPAC-Text dar! Es handelt sich hierbei um Modifikationen in Form von Erläuterungen, Ergänzungen oder sich aus neuen Studien ergebende Änderungen.

Empfehlungen	Kategorie
1. Präoperative Vorbereitung des Patienten Wann immer möglich sollten alle nicht zum Operationsgebiet gehörenden Infektionen vor elektiven Eingriffen identifiziert und behandelt werden. Bei Patienten mit solchen Infektionen sollte der Eingriff bis zur erfolgreichen Behandlung der Infektion verschoben werden.	IA

Empfehlungen	Kategorie
Eine präoperative Haarentfernung sollte nur dann erfolgen, wenn es operationstechnisch notwendig ist.	IA
Wenn eine Haarentfernung erforderlich ist, sollte diese unmittelbar vor der Operation bevorzugt mit einer elektrischen Haarschneidemaschine erfolgen.	IA
Bei Diabetikern sollte eine adäquate Kontrolle des Blutglukosespiegels erfolgen. Eine perioperative Hyperglykämie sollte vermieden werden.	IB
Patienten zum Nichtrauchen auffordern. Mindestens jedoch den Patienten instruieren, 30 Tage vor einem elektiven Eingriff keinen Tabak zu konsumieren (in Form von Zigaretten, Zigarren, Pfeifen usw.).	IB
Notwendige Blutprodukte sollten zur Prävention postoperativer Wundinfektionen nicht zurückgehalten werden.	IB
Patienten sollten mindestens am Abend vor der Operation mit antimikrobiellen Zusätzen baden oder duschen.	IB
Gründliche Reinigung des Operationsgebietes einschließlich der Umgebung vor der Hautdesinfektion.	IB
Verwendung geeigneter Hautdesinfektionsmittel für die präoperative Hautdesinfektion (z. B. Rote Liste 1999).	IB
Präoperative Hautdesinfektion von der Mitte zum Rand hin. Bei der präoperativen Hautdesinfektion sollte das Gebiet so groß sein, daß der Schnitt evtl. noch vergrößert oder an anderer Stelle gesetzt werden kann und auch die Durchtrittstelle für den Drain mit berücksichtigt wird.	II
Die präoperative Verweildauer für eine adäquate Operationsvorbereitung so kurz wie möglich halten.	II
Keine Empfehlung zum Ausschleichen oder zur Unterbrechung von Steroidgaben (wenn medizinisch vertretbar) vor elektiven Eingriffen.	**Ungelöste Fragen**
Keine Empfehlung zur Verbesserung der Ernährungssituation für chirurgische Patienten zur Prävention postoperativer Wundinfektionen.	**Ungelöste Fragen**
Keine Empfehlung zur präoperativen Anwendung von Mupirocin-Nasensalbe zur Prävention postoperativer Wundinfektionen.	**Ungelöste Fragen**
Keine Empfehlung von Maßnahmen, welche die Oxygenierung der Wunde verbessern sollen.	**Ungelöste Fragen**
2. Chirurgische Händedesinfektion für das Operationsteam Fingernägel kurz halten und keine künstlichen Fingernägel tragen.	IB
Durchführung einer chirurgischen Händedesinfektion mit einem geeigneten Mittel für die Dauer von 2–5 min *(Waschung und Desinfektion)*, die die Hände und die Unterarme bis zu den Ellbogen mit einbezieht. *Diese Zeitangaben beziehen sich auf das in den USA übliche Waschen mit antimikrobiellem Zusatz. Führt man eine Waschung für die Dauer von 1 min mit anschließender Desinfektion für 3 min durch, entspricht dies der Empfehlung aus den USA. Eine Studie aus Deutschland konnte zeigen, daß eine Dauer von 3 min bei der chirurgischen Händedesinfektion ausreichend ist (Kappstein et al. 1993). Es existiert eine Untersuchung, die darauf hinweist, daß zwischen kürzeren Operationen (< 60 min) eine Händedesinfektion von einer Minute ohne nochmaliges Waschen ausreichend ist (Rehork u. Rüden 1991).*	IB

Empfehlungen	Kategorie
Nach dem Händewaschen sollten die Hände vom Körper weggehalten werden (Ellbogen in gebeugter Haltung), so daß die Flüssigkeit von den Fingerspitzen zu den Ellbogen abläuft. Abtrocknen der Hände mit einem sterilen Handtuch und Anlegen von steriler Kleidung und sterilen Handschuhen *(nach der Händedesinfektion)*. *Da in Deutschland die Hände erst nach dem Waschen desinfiziert werden, können zum Trocknen keimarme Papierhandtücher aus dem Spender verwendet werden.*	**IB**
Reinigung der Fingernägel vor Durchführung der ersten chirurgischen Händedesinfektion des Tages.	**II**
Kein Schmuck an den Händen oder Unterarmen.	**II**
Keine Empfehlung zur Benutzung von Nagellack.	**Ungelöste Fragen**

3. Umgang mit infiziertem oder kolonisiertem chirurgischen Personal

Schulung/Aufforderung des Personals, sich bei Zeichen einer übertragbaren Erkrankung umgehend beim Vorgesetzten und beim Betriebsarzt zu melden.	**IB**
Festlegung von Verhaltensrichtlinien für die Patientenpflege für den Fall, daß Personal möglicherweise infiziert sein könnte. Hierin sollten festgelegt werden: Verantwortung der Meldung gegenüber dem Betriebsarzt, Arbeitsbeschränkungen und erforderliche Modalitäten zur Wiederaufnahme der Arbeit. Es sollten auch die für eine evtl. notwendige Dienstbefreiung Verantwortlichen benannt werden.	**IB**
Personal mit sezernierenden Hautläsionen sollte vom Dienst befreit werden, und es sollten geeignete mikrobiologische Untersuchungen durchgeführt werden, bis eine Infektion ausgeschlossen werden kann oder eine bestehende Infektion erfolgreich therapiert wurde. S. aureus- (Nase, Hand oder andere Körperstellen) oder A-Streptokokken-Träger sollten nicht routinemäßig vom Dienst ausgeschlossen werden, es sei denn es liegen Hinweise auf epidemiologische Zusammenhänge mit einer Verbreitung des Erregers vor.	**IB**

4. Antibiotikaprophylaxe

Eine perioperative Antibiotikaprophylaxe sollte nur durchgeführt werden, wenn diese auch indiziert ist. Die Auswahl des Antibiotikums sollte sich nach seiner Wirksamkeit gegen die häufigsten Wundinfektionserreger für die jeweilige Operationsart und nach veröffentlichten Empfehlungen richten.	**IA**
Die initiale Dosis des Antibiotikums sollte intravenös zu einem solchen Zeitpunkt verabreicht werden, daß ausreichende Gewebewirkstoffkonzentrationen bei der Inzision vorhanden sind. Erhaltung des therapeutischen Spiegels in Serum und Gewebe während der Operation und üblicherweise bis einige Stunden nach Verschluß der Wunde im OP.	**IA**
Vor elektiven kolorektalen Eingriffen Vorbereitung des Patienten mit abführenden Maßnahmen. Am Tag vor der Operation Gabe eines nichtresorbierbaren oralen Antibiotikums in mehreren Dosen.	**IA**
Bei Sectio caesarea mit erhöhtem Risiko Gabe der erforderlichen Antibiokaprophylaxe unmittelbar nach Abklemmen der Nabelschnur.	**IA**
Keine routinemäßige Verwendung von Vancomycin zur perioperativen Prophylaxe.	**IB**

Empfehlungen	Kategorie

5. Intraoperative Maßnahmen
a) Belüftung

Aufrechterhaltung eines positiven Luftdrucks im Operationsraum in Bezug auf umgebende Flure und angrenzende Bereiche. — **IB**

Die OP-Belüftung sollte so durchgeführt werden, daß ein mindestens 15facher Luftwechsel pro Stunde eingehalten wird, davon sollte der Frischluftanteil 20% betragen. — **IB**

Die gesamte in den OP eingeleitete Luft, sowohl die frische als auch die zirkulierende (Umluft), muß mit geeigneten Filtern behandelt werden. — **IB**

Die Zufuhr der Luft sollte über die Decke und die Ausfuhr in der Nähe des Fußbodens erfolgen. — **IB**

Keine Anwendung von UV-Licht im OP zur Prävention von Wundinfektionen. — **IB**

Alle OP-Türen sollten geschlossen gehalten werden, außer sie werden für den Transport von Material, Personal oder Patient benötigt. — **IB**

Orthopädische Operationen sollten in Räumen mit ultrareiner Luft *[3stufige RLT-Anlage mit HEPA- (High-efficiency-particulate-air-)Filter]* durchgeführt werden. — **II**

Im OP sollten sich nur die Personen aufhalten, die wirklich notwendig sind. — **II**

b) Reinigung und Desinfektion von Oberflächen

Bei sichtbaren Verschmutzungen oder Kontaminationen mit Blut oder anderen Körperflüssigkeiten auf Oberflächen oder Geräten während einer Operation Wischdesinfektion der betroffenen Stellen mit einem geeigneten Desinfektionsmittel vor der nächsten Operation. — **IB**

Nach Operationen, die in die Wundkontaminationsklassen „kontaminiert" oder „septisch" eingeordnet werden, ist keine spezielle Reinigung/Desinfektion oder Sperrung des OP erforderlich. — **IB**

Keine Anwendung von Klebematten am OP-Eingang zur Infektionskontrolle. — **IB**

Wischdesinfektion des Fußbodens des OP nach der letzten Operation des Tages (oder der Nacht) mit einem geeigneten Desinfektionsmittel. — **II**
Bezüglich der postoperativen Wundinfektionsraten besteht zwischen Reinigung und Desinfektion des OP kein Unterschied (Weber et al. 1976).

Keine Empfehlung zur Desinfektion des OP zwischen Operationen, wenn keine sichtbare Verschmutzung von Oberflächen oder Geräten vorliegt. — **Ungelöste Fragen**

c) Mikrobiologische Untersuchungen

Es sollten keine Routineumgebungsuntersuchungen im OP durchgeführt werden. Umgebungsuntersuchungen von Flächen oder Luft nur im Zusammenhang mit epidemiologischen Untersuchungen. — **IB**

d) Instrumentensterilisation

Sterilisation aller chirurgischen Instrumente gemäß veröffentlichten Empfehlungen. — **IB**

„Blitzsterilisation" nur, wenn Sterilisationsgut umgehend benutzt wird (z. B. ein versehentlich fallengelassenes Instrument). Keine routinemäßige Aufbereitung chirurgischer Instrumente durch „Blitzsterilisation", um dadurch Instrumente oder Zeit zu sparen. — **IB**

Empfehlungen	Kategorie

e) OP-Textilien und Abdecktücher

Bei Betreten des OP soll eine Mund-Nasen-Maske getragen werden, wenn im OP die sterilen Instrumente bereits gerichtet sind, eine Operation demnächst beginnen wird oder eine Operation läuft. Tragen der Maske während der gesamten Operation. — **IB**

Eine Studie von Tunevall fand 1991 keinen Unterschied der Anzahl postoperativer Wundinfektionen bei Patienten, die von Chirurgen mit oder ohne Mund-Nasen-Maske operiert worden waren, so daß durch diese Studie der Wert der Mund-Nasen-Maske zur Prophylaxe der Wundinfektionen in Frage gestellt wurde (Tunevall 1991). Auf jeden Fall bleibt die Mund-Nasen-Maske sinnnvoll zur Prävention einer Kontamination des OP-Teams.

Bei Betreten des OP muß ein Haarschutz getragen werden, der Kopf- und Gesichthaar vollständig bedeckt. — **IB**

Es existieren bisher keine Studien, die den Wert des Haarschutzes zur Prävention von Wundinfektionen nachgewiesen haben. Es liegen aber Berichte über durch das Kopfhaar bedingte Ausbrüche vor, so daß an der Empfehlung eines Haarschutzes festgehalten werden sollte (Dineen u. Drusin 1973; Mastro et al. 1990).

Keine Benutzung von Überschuhen *(bzw. speziellen OP-Schuhen)* zur Vermeidung von Wundinfektionen. — **IB**

Das OP-Team muß sterile Handschuhe tragen. Anziehen steriler Handschuhe nach dem Anlegen der sterilen Kleidung. — **IB**

Das Material der OP-Kleidung und der Abdecktücher sollte auch im feuchten Zustand eine effektive Barriere gegen Flüssigkeitsdurchdringung darstellen. — **IB**

Wechsel der OP-Bereichskleidung bei sichtbarer Verschmutzung, Kontamination und/oder Verunreinigung mit Blut oder anderem potentiell infektiösem Material. — **IB**

Keine Empfehlung für die Reinigung (wie oder wo) der OP-Bereichskleidung, die Beschränkung des Gebrauchs der OP-Bereichskleidung auf die OP-Abteilung oder die Notwendigkeit eines Überkittels über der Bereichskleidung beim Verlassen der OP-Abteilung. — **Ungelöste Fragen**

f) Asepsis und Operationstechnik

Einhaltung aseptischer Grundregeln beim Legen intravaskulärer Katheter (z.B. ZVK), Spinal- oder Epiduralkatheter oder beim Zubereiten und Verabreichen parenteraler Medikamente. — **IA**

Das Gewebe sollte möglichst behutsam behandelt, und auf eine effektive Blutstillung sollte geachtet werden, devitalisiertes Gewebe und Fremdkörper (d.h. Nähte, verkohltes Gewebe, nekrotische Überreste) sollten minimiert und Toträume im Operationsgebiet vermieden werden. — **IB**

Die Wunde sollte verzögert primär verschlossen oder zunächst offen und erst sekundär verschlossen werden, wenn sie stark kontaminiert (z.B. Wundkontaminationsklassen „kontaminiert" und „septisch") ist. — **IB**

Sofern eine Drainage erforderlich ist, sollten nur geschlossene Drainagen benutzt werden. Als Eintrittsstelle sollte bevorzugt eine separate Inzision und nicht die Operationswunde gewählt werden. Die Drainage sollte so bald wie möglich wieder entfernt werden. — **IB**

Empfehlungen	Kategorie
Richten von sterilem Equipment und Lösungen erst unmittelbar vor Gebrauch.	II
Aufrechterhaltung der normalen Körpertemperatur während der Operation. Der Vorteil dieser Maßnahme wurde in einer Studie bei einer bestimmten Patientengruppe nachgewiesen (Kurz et al. 1996).	
Restriktive Anwendung von elektrochirurgischer Technik. Diese Empfehlung wurde in einem Konsensuspapier (Sherertz et al. 1992) auf der Basis verschiedener Studien ausgesprochen (Hoeffer jr et al. 1990; Kumagai et al. 1991).	

6. Postoperative Wundpflege

Empfehlungen	Kategorie
Postoperativer Schutz einer primär verschlossenen Wunde durch einen sterilen Verband (für 24–48 h).	IB
Händedesinfektion vor und nach jedem Verbandwechsel und Kontakt mit der Wunde.	IB
Wenn ein Verbandwechsel erforderlich ist, sollte eine sterile Technik angewandt werden.	II
Verwendung steriler Handschuhe oder Non-touch-Technik mit sterilen Pinzetten.	
Schulung des Patienten und seiner Familie in der Durchführung einer ordnungsgemäßen Wundpflege, dem Erkennen von Symptomen einer Infektion und über den Bericht solcher Symptome.	II
Keine Empfehlungen bezüglich der Notwendigkeit eines Verbandes bei primär verschlossenen Wunden über 48 h hinaus und ab wann mit nicht abgedeckten Wunden wieder geduscht/gebadet werden kann.	**Ungelöste Fragen**

7. Surveillance

Empfehlungen	Kategorie
Zur Identifikation von Wundinfektionen bei stationären und ambulanten chirurgischen Patienten sollten die CDC-Definitionen für postoperative Wundinfektionen ohne Modifikation benutzt werden (s. Tabelle 3.2).	IB
Zur Identifikation von Infektionen bei stationären Patienten (einschließlich wiederaufgenommenen Patienten) sollte die direkte prospektive Beobachtung, indirekte prospektive Erkennungsmethoden *(z.B. mit Hilfe der mikrobiologischen Befunde oder der angeordneten Antibiotika)* oder eine Kombination aus beiden bis zur Entlassung der Patienten benutzt werden.	IB
Obwohl der Vorteil der Surveillance nachgewiesen wurde und ein sehr hoher Anteil (ca. 30%) der postoperativen Wundinfektionen erst nach Entlassung auftritt, wird eine Surveillance für den Zeitraum nach der Entlassung nicht allgemein empfohlen. Ursachen sind einerseits die unterschiedliche Sensitivität verschiedener Erfassungsmethoden, andererseits die Tatsache, daß bei der Surveillance nach Entlassung in erster Linie die für die Qualitätssicherung nicht so bedeutsamen oberflächlichen Wundinfektionen festgestellt werden. Nach Sherertz et al. (1992) wird eine Surveillance der nach Entlassung auftretenden Wundinfektionen allerdings empfohlen.	
Zur Identifikation von Infektionen bei ambulanten Patienten sollte eine Methode benutzt werden, die den verfügbaren Ressourcen und den benötigten Daten gerecht wird.	IB
Bei allen Patienten, die sich einer für die Surveillance ausgewählten Operation unterziehen, müssen die für eine Wundinfektion relevanten Risikofaktoren aufgezeichnet werden (z.B. Wundkontaminationsklassen, ASA-Klasse und Operationsdauer).	IB

Empfehlungen	Kategorie
Regelmäßige Berechnung der operationsbezogenen Wundinfektionsraten, stratifiziert nach Risikofaktoren (z. B. NNIS-Risikoindex).	**IB**
Den Operateuren gegenüber Mitteilung geeigneter stratifizierter, operationsspezifischer Wundinfektionsraten. Die optimale Häufigkeit und die Form solcher Berechnungen sollte abhängig gemacht werden von der Anzahl der Operationen in den einzelnen Kategorien und den Zielvorstellungen des lokalen Qualitätsmanagements.	**IB**
Wenn für bestimmte Operationen eine Nachverfolgung der Patienten nach der Entlassung durchgeführt werden soll (z. B. koronare Bypassoperationen), sollte eine Methode benutzt werden, die den verfügbaren Ressourcen und den benötigten Daten gerecht wird.	**II**
Bei Beendigung der Operation soll ein Mitglied des OP-Teams die Wundkontaminationsklasse festlegen. *Dies ist eine wichtige Voraussetzung, um eine risikofaktorenbezogene Surveillance durchführen zu können (s. Kapitel „Surveillance").*	**II**
Keine Empfehlung, dem Infektionskontrollkomitee *(Hygienekommission)* operateurbezogene Daten zur Verfügung zu stellen.	**Ungelöste Fragen**

KAPITEL 10

Empfehlungen zur perioperativen Antibiotikaprophylaxe

10.1 Allgemeine Empfehlungen

Eine perioperative Antibiotikaprophylaxe (PAP) wird bei bestimmten Eingriffen durchgeführt, um postoperative Komplikationen, primär Wundinfektionen, bei Risikopatienten zu reduzieren (Trilla u. Mensa 1997).

Der Zweck der PAP ist es, das Wachstum von Erregern, die das Op.-Feld *während* der Operation kontaminieren, zu vermeiden. Im Gegensatz dazu zielen Maßnahmen wie die präoperative Hautdesinfektion und die präoperative Darmspülung vor elektiven Eingriffen darauf ab, den Grad der Kontamination des Op.-Gebietes, d.h. die Keimzahl auf Haut und Schleimhäuten zu reduzieren.

■ Pathophysiologie von postoperativen Infektionen im Op.-Gebiet

Während eines chirurgischen Eingriffes kann es zu einer Kontamination des Op.-Gebietes kommen, am häufigsten durch die patienteneigene Flora, seltener durch die Hände des Operationsteams, chirurgische Instrumente und durch Luftkeime (Trilla u. Mensa 1997).

Die häufigsten Erreger sind Staphylococcus aureus und koagulasenegative Staphylokokken, wobei die Kontamination mit dem letztgenannten Erreger ein signifikantes Risiko für die Entwicklung einer klinisch bedeutsamen Infektion v.a. dann ist, wenn Fremdmaterial (Gefäßprothesen, Osteosynthesen) implantiert wird (Trilla u. Mensa 1997).

Bei der Inzision einer Schleimhaut kann das Op.-Feld durch die normale, die Schleimhaut kolonisierende Flora kontaminiert werden. Häufige Erreger von konsekutiven Wundinfektionen sind Enterokokken, gramnegative Darmbakterien und Anaerobier.

Die bakterielle Kontamination einer Wunde ist letztlich unvermeidlich. Selbst Op.-Wunden bei sauberen (aseptischen) Eingriffen sind meist kontaminiert.

Ob es postoperativ zu einer Wundinfektion kommt, hängt v.a. ab

- vom Ausmaß der Kontamination und
- von den Wachstumsbedingungen der Mikroorganismen, welche die Wunde kontaminieren. Diese wiederum werden determiniert von den Abwehrmechanismen (dem Immunstatus) des Patienten und vom Aus-

maß des devitalisierten Gewebes, Hämatomen und dem Vorhandensein von Fremdkörpern, die für die normalen Abwehrmechanismen nicht zugänglich sind, so daß eventuell schon ein 100 000fach geringes Inokulum von Mikroorganismen zu einer Wundinfektion führen kann.

Der entscheidende Faktor im Hinblick auf die Entstehung von Wundinfektionen ist die chirurgische Technik. Geringe Infektionsraten werden am besten durch eine gute chirurgische Technik erreicht (Trilla u. Mensa 1997).

Indikationen für die perioperative Antibiotikaprophylaxe

Aufgrund des Ausmaßes der bakteriellen Kontamination und des damit zusammenhängenden Infektionsrisikos werden chirurgische Eingriffe in vier Kontaminationsklassen eingeteilt: aseptisch, bedingt aseptisch, kontaminiert und septisch.

Die Domäne der PAP sind bedingt aseptische bzw. kontaminierte Eingriffe. Die meisten aseptischen Eingriffe erfordern keine PAP, da die Infektionsraten gering sind und durch eine PAP nicht wesentlich und kosteneffektiv gesenkt werden können. Eine Ausnahme bilden beispielsweise die aseptischen Eingriffe mit Implantation von größerem Fremdmaterial (z.B. Hüftendoprothesen) und herzchirurgische Eingriffe.

Bei vielen septischen Eingriffen wird eine längere Antibiotikagabe im Sinne einer Therapie erforderlich, so daß man hier nicht mehr von einer Prophylaxe sprechen kann.

Ganz allgemein ist eine routinemäßige PAP nur sinnvoll
- bei Eingriffen mit häufigen postoperativen Wundinfektionen (z.B. kolorektale Chirurgie),
- bei Eingriffen mit ernsthaften oder lebensbedrohlichen Konsequenzen im Falle einer Infektion (z.B. infizierte Prothesen).

Bei der Überlegung, ob eine perioperative Antibiotikaprophylaxe indiziert ist oder nicht, spielen neben der Vermeidung der Resistenzentwicklung auch die Kosten eine Rolle. Bei einem bestimmten Eingriff müssen die Folgekosten postoperativer Wundinfektionen die Kosten der Antibiotikagabe (eingerechnet z.B. der Kosten für die Behandlung allergischer und toxischer Reaktionen) übersteigen, damit eine generelle PAP kosteneffektiv ist.

Kontraindikationen für die perioperative Antibiotikaprophylaxe

In den folgenden Tabellen wird auch angegeben, wann eine perioperative Antibiotikaprophylaxe nicht indiziert ist. Zusätzlich zu diesen Angaben ist eine Antibiotikaprophylaxe kontraindiziert bei Blasenkathetern, Verbrennungen, Verbrühungen, hochdosierter und länger dauernder Steroidtherapie und bei Viruspneumonien. Häufig stößt man in Arztbriefen aber auch in der Literatur auf den Begriff der „antibiotischen Abdeckung". Eine antibiotische Abdeckung, womit im allgemeinen eine länger dauernde Antibiotikaprophylaxe gemeint ist, gibt es nicht, da zur Zeit kein einziges Antibiotikum zur Verfügung steht, welches alle infrage kommenden Erreger einschließt. Nahezu jede länger dauernde Antibiotikatherapie führt zur Selektion resistenter Keime und v.a. zur Selektion von Pilzen. Alle Cephalosporine führen zur Selektion von Enterokokken, Aminoglykoside und v.a. Chinolone führen überdurchschnittlich häufig zu Resistenzentwicklung, v.a. von S. aureus und Pseudomonas aeruginosa. Eine sogenannte antibiotische Abdeckung bei hochdosierter Steroidtherapie ist v.a. deswegen in doppeltem Sinne unsinnig, weil Steroide nicht nur die Abwehrmechanismen gegen Bakterien, sondern auch gegen Viren und v.a. Pilze reduzieren. Die Indikation „Antibiotikaprophylaxe solange Drainagen liegen" ist unsinnig, da Antibiotika nicht die Kolonisierung von Fremdkörpermaterial verhindern können.

▪ Qualitätsstandards für die perioperative Antibiotikaprophylaxe

1994 wurde von allen relevanten US-amerikanischen Fachgesellschaften (u.a. Infectious Diseases Society of America, Surgical Infection Society, Centers for Disease Control and Prevention) ein Qualitätsstandard für die perioperative Antibiotikaprophylaxe erarbeitet (Dellinger et al. 1994). Die einzelnen Empfehlungen wurden je nach Evidenzgrad in verschiedene Kategorien eingeteilt, die in den Tabellen 10.1 und 10.2 definiert sind (Gross et al. 1994).

Die Kategorien sind im folgendem bei den allgemeinen und speziellen Empfehlungen angegeben. Sie beziehen sich bei den einzelnen Eingriffen nur auf die Indikation an sich.

Tabelle 10.1. Kategorien, die die Stärke einer Empfehlung für oder gegen ihre Anwendung wiedergeben (Gross et al. 1994)

Kategorie	Definition
A	Gute Evidenz, um eine Anwendung zu empfehlen
B	Mäßige Evidenz, um eine Anwendung zu empfehlen
C	Geringe Evidenz, um eine Anwendung zu empfehlen
D	Mäßige Evidenz, um eine Empfehlung gegen die Anwendung auszusprechen
E	Gute Evidenz, um eine Empfehlung gegen die Anwendung auszusprechen

Tabelle 10.2. Kategorien, die die Qualität der Datenlage, auf denen die Empfehlungen beruhen, widerspiegeln (Gross et al. 1994)

Kategorie	Definition
I	Evidenz durch mindestens eine einwandfrei randomisierte, kontrollierte Studie
II	Evidenz durch mindestens eine klinische Studie ohne Randomisierung mit gutem Design, eine Kohortenstudie oder Fall-Kontroll-Studie oder durch nichtkontrollierte experimentelle Studien mit eindrucksvollen Ergebnissen
III	Evidenz durch Expertenmeinungen, die auf klinischen Erfahrungen, deskriptiven Studien, Berichten oder Expertenkomitees beruhen

Da seit dem Zeitpunkt der Erarbeitung dieses Qualitätsstandards nur wenige neue randomisierte, kontrollierte Studien zur perioperativen Antibiotikaprophylaxe publiziert wurden, die den Kategorien des Qualitätsstandards widersprechen, sind die Bewertungen des Qualitätsstandards nach wie vor aktuell.

Die in dem Qualitätsstandard beschriebenen Eingriffe wurden durch einige weitere Eingriffe ergänzt (z. B. PAP bei offenen Frakturen) und nach Möglichkeit ebenfalls mit Kategorien versehen. Ergebnisse neuerer randomisierter, kontrollierter Studien wurden ebenfalls berücksichtigt. Diese Ergänzungen sind kursiv gedruckt.

Allgemeine Gesichtspunkte bei der Durchführung der perioperativen Antibiotikaprophylaxe

Empfehlungen	Kategorie
Auswahl des Antibiotikums	
Antibiotika für die PAP sollten untoxisch sein und die *wichtigsten* Erreger, die Wundinfektionen in dem jeweiligen Op.-Gebiet verursachen, erfassen (Dellinger et al. 1994; Gross et al. 1994).	
Für die meisten Eingriffe eignen sich besonders Cephalosporine der 1. Generation (z. B. Cefazolin) oder 2. Generation (z. B. Cefotiam oder Cefuroxim)[a].	**A, I**
Bei Eingriffen, bei denen mit Anaerobiern der Bacteroides fragilis-Gruppe als Erregern von Wundinfektionen zu rechnen ist (Eingriffe im Bereich des distalen Ileums, Appendix, Kolon), sollte zusätzlich Metronidazol gegeben werden.	
Alternativen	
Vancomycin kann bei Patienten mit Cephalosporinallergie gegeben werden oder wenn die Häufigkeit von Infektionen mit methicillinresistenten S. aureus (MRSA) sehr hoch ist.	**C, III**
Da Vancomycin nicht bei gramnegativen Erregern wirksam ist, muß die Substanz bei bestimmten Eingriffen mit einem Aminoglykosid kombiniert werden. Clindamycin ist ebenfalls eine Alternative bei einer Cephalosporinallergie und sollte bei dieser Indikation gegenüber dem Vancomycin *bevorzugt* werden. Clindamycin kann ebenfalls mit einem Aminoglykosid kombiniert werden, wenn gramnegative Erreger erfaßt werden müssen (z. B. bei kolorektalen Eingriffen).	
Daten zur Wirksamkeit dieser alternativen Regime sind nicht verfügbar.	
Zeitpunkt der Gabe	
Ziel der PAP ist, zum Zeitpunkt der möglichen Kontamination des Op.-Feldes (d. h. Zeitpunkt des Hautschnittes, Eröffnung des GI-Traktes) optimale Antibiotikagewebespiegel zu haben.	**A, I**
Die Antibiotikagabe sollte daher bereits präoperativ erfolgen, und zwar innerhalb des 60-min-Zeitintervalles vor der Inzision. Optimalerweise sollte das Antibiotikum möglichst kurz vor dem Inzisionszeitpunkt gegeben werden (Classen et al. 1992; Burke 1961). Ausnahmen bilden hierbei Sectiones und Traumata (Einzelheiten s. bei den detaillierten Empfehlungen).	

Empfehlungen	Kategorie

Applikationsform

Die intravenöse Gabe ist am sichersten, da kurze Zeit nach Bolusinjektion hohe Serum- und Gewebsspiegel am möglichen Infektionsort erreicht werden.

Infusionsdauer bei der Gabe verschiedener Substanzen (Trilla u. Mensa 1997):

- Cephalosporine: 5 min
- Aminoglykoside, Clindamycin, Metronidazol: 20–30 min
- Vancomycin: 60 min

Dosis

Es sollten normale therapeutische Dosen der eingesetzten Antibiotika gegeben werden, d.h. bei Erwachsenen z.B. 1–2 g Cefazolin, vorzugsweise 2 g; 2 g Cefotiam, 1,5 g Cefuroxim, 500 mg Metronidazol. — **C, III**

Dauer der Prophylaxe

Die optimale Dauer der PAP ist nicht völlig geklärt. Viele Studien zeigen, daß eine Einmalgabe präoperativ ausreicht. — **B, II**

Aufgrund der derzeitigen Datenlage wird eine postoperative Gabe nicht empfohlen. — **B, III**

Eine PAP über 24 h hinaus ist nicht indiziert. — **C, III**

Die optimale Dauer einer PAP bei Herzoperationen ist besonders stark umstritten (s. Einzelheiten bei den detaillierten Empfehlungen).

Wiederholte Dosis — **C, III**

Eine zweite intraoperative Dosis wird bei längeren Operationen nach einem Intervall, welches der ein- bis zweifachen Halbwertszeit der Substanz entspricht, empfohlen.

In der klinischen Praxis entspricht dies einem Zeitintervall von 3(–4) h.

[Von manchen Experten wird auch empfohlen, nach größeren Blutverlusten – mehr als ein Liter – eine zweite Dosis zu applizieren (Trilla u. Mensa 1997; Dellinger 1991)]

---

[a] Hier Abweichung vom Original: In den angloamerikanischen Ländern ist es üblich, statt der Kombination von Cephalosporinen wie Cefazolin und Cefotiam mit Metronidazol Cephalosporine mit Anaerobieraktivität einzusetzen, z.B. Cefoxitin, Cefotetan. Da letztgenannte Substanzen in Deutschland unüblich sind, wurden die Empfehlungen entsprechend geändert.

10.2 Empfehlungen für verschiedene Operationsarten

Für die Tabellen 10.3 bis 10.6, in denen Empfehlungen zur perioperativen Antibiotikaprophylaxe bei einzelnen Eingriffen aufgeführt sind, gelten folgende Angaben:

- **Basiscephalosporine**
  - Cephalosporin der 1. Generation [z.B. Cefazolin]
  - Cephalosporine der 2. Generation [Cefotiam oder Cefuroxim]
- **Aminobenzylpenicillin plus β-Laktamase-Inhibitor:** Amoxicillin/Clavulansäure oder Ampicillin/Sulbactam
- **Metronidazol:**
- **Staph.-Penicillin:** Staphylokokken-Penicillin [z.B. Flucloxacillin]

Tabelle 10.3. Allgemeinchirurgie: Gastrointestinaltrakt

Eingriff	Wichtigste Erreger	Antibiotika	Dauer	Kategorie
Appendektomie (Gorbach 1991) bei *allen* Patienten; *gemäß manchen Experten ist es alternativ möglich, auf eine generelle PAP zu verzichten und nur bei Vorliegen einer gangränösen Appendizitis oder eines Abszesses eine Antibiotikatherapie durchzuführen (Trilla u. Mensa 1997)*	E. coli, Klebsiellen, Proteus, aerobe und anerobe Streptokokken, Bacteroides spp.	Basiscephalosporin plus Metronidazol (Cann et al. 1988)	Präoperative Einmalgabe (Trilla u. Mensa 1997; Gorbach 1991; Bauer et al. 1989); [bei gangränöser Appendizitis/ Abszessen außerdem Therapie für 3–5 Tage (Trilla u. Mensa 1997; Gorbach 1991)]	**A, I**
Kolorektale Operationen (Gorbach 1991) bei *allen* Patienten	- E. coli, Klebsiellen, Proteus, aerobe und anerobe Streptokokken, Bacteroides spp.	Basiscephalosporin plus Metronidazol (Stubbs et al. 1987; Diamond et al. 1988; Zuber et al. 1989) oder Aminobenzylpenicillin plus β-Laktamasehemmer (Arnaud et al. 1992; Menzel et al. 1993)	Einmalgabe (Hershman et al. 1990; Periti et al. 1989; Rowe-Jones et al. 1990; Jagelmann et al. 1988; Aberg u. Thore 1991)	**A, I**
Gallenwegschirurgie, einschließlich laparoskopischer Eingriffe *bei Risikofaktoren:* Alter >60 Jahre, Adipositas, Choledocholithiasis, Gallengangsobstruktion, akute Cholezystitis (oder vor kurzem durchgemacht), Zustand nach Op. in dieser Region (Trilla u. Mensa 1997; Dellinger et al. 1994; Kaufhold et al. 1994; Kaiser 1986)	E. coli, Klebsiellen, aerobe und anaerobe Streptokokken, Clostridien	Basiscephalosporin (Dellinger et al. 1994; DiPiro et al. 1986; Stone et al. 1976; Jewesson et al. 1996; Mitchell et al. 1980) oder Aminobenzylpenicillin plus β-Laktamasehemmer	Einmalgabe (Trilla u. Mensa 1997; DiPiro et al. 1986; Kernolde u. Kaiser 1995; Meijer et al. 1990)	**A, I**

Tabelle 10.3 (Fortsetzung)

Eingriff	Wichtigste Erreger	Antibiotika	Dauer	Kategorie
Magenchirurgie *bei Risikofaktoren:* Karzinome, Magenulkus, obere GI-Blutung, Obstruktionen, Perforation, Hemmung der Magensäuresekretion (Trilla u. Mensa 1997; Dellinger et al. 1994; Kaufhold et al. 1994), extreme Adipositas (Dellinger et al. 1994) (ebenso **Ösophaguschirurgie** und **Dünndarmchirurgie**)	Enterobakterien, aerobe und anaerobe Streptokokken	Basiscephalosporin (Trilla u. Mensa 1997; Dellinger et al. 1994; DiPiro et al. 1986; Stone et al. 1976; Morris et al. 1984)	Einmalgabe (Trilla u. Mensa 1997; Aberg u. Thore 1991; DiPiro et al. 1986; Kernolde u. Kaiser 1995; Stone et al. 1976)	**A, I**
Aseptische abdominelle Eingriffe ohne Eröffnung des GI-Trakts	–	Keine Antibiotikaprophylaxe	–	–
Penetrierendes Abdominaltrauma mit Darmverletzung (Dellinger 1991; Dellinger et al. 1986)	*Gramnegative Darmbakterien, Anaerobier; S. aureus (Trilla u. Mensa 1997)*	*Basiscephalosporin (2. Gen.) plus Metronidazol (Kaufhold et al. 1994) bei Verdacht so früh wie möglich*	*Falls Darmverletzung, bei Exploration Gabe für 12–24 h (Dellinger 1991)*	*Nicht kategorisiert*

Tabelle 10.4. Allgemeinchirurgie: weitere Eingriffe

Eingriff	Wichtigste Erreger	Antibiotika	Dauer	Kategorie.
Gefäßchirurgie (Trilla u. Mensa 1997; Dellinger et al. 1994; Hopkins 1991) Eingriffe an Arterien der unteren Extremität und Aorta abdominalis	S. aureus, seltener Enterobakterien, Clostridium spp.	Basiscephalosporin (Trilla u. Mensa 1997; Dellinger et al. 1994; Kaufhold et al. 1994; Sonne-Holm et al. 1985) oder Staph.-Penicilline (Kaufhold et al. 1994)	Einmalgabe (Dellinger et al. 1994), max. 24 h	**A, I**
Amputationen im Bereich der unteren Extremität wg. PAVK (Sonne-Holm et al. 1985)	–	s. oben; zusätzlich Antibiotikum mit Anaerobierwirksamkeit (Metronidazol) sinnvoll (Sonne-Holm et al. 1985)	–	–
Schrittmacherimplantation In vielen Arbeiten wird eine PAP empfohlen (Trilla u. Mensa 1997; Kaiser 1986; Kernolde u. Kaiser 1995; Da Costa et al 1998)	–	Wenn Antibiotikaprophylaxe: Basiscephalosporin (1. Gen.; Trilla u. Mensa 1997)	Einmalgabe	**A, I**
Herniotomien (Leistenhernien), Mammachirurgie Möglicherweise Benefit, falls erhöhtes Risiko einer postoperativen Wundinfektion [ASA ≥3 oder Op.-Dauer ≥2 h (Dellinger et al. 1994; Platt et al. 1990)]	S. aureus und S. epidermidis	Wenn Antibiotikaprophylaxe: Basiscephalosporin (1. Gen.; Dellinger et al. 1994)	Einmalgabe	**B, I**[a]
Herniotomien mit Verwendung von prothetischem Material (Dellinger et al. 1994)	S. aureus und S. epidermidis	Basiscephalosporin (1. Gen.; Dellinger et al. 1994)	Einmalgabe	**B, III**

Tabelle 10.4 (Fortsetzung)

Eingriff	Wichtigste Erreger	Antibiotika	Dauer	Kategorie.
Implantation von prothetischem Material allgemein Häufig empfohlen und praktiziert, keine sicheren Daten (Dellinger et al. 1994)	S. aureus und S. epidermidis	Wenn Antibiotikaprophylaxe: Basiscephalosporin (1. Gen.; Dellinger et al. 1994)	Einmalgabe	**B, III**

[a] Die Indikation wird von den Autoren des Standards als optional betrachtet. Einer neueren Studie zufolge profitieren Patienten nicht von einer PAP bei Herniotomien (Taylor et al. 1997).

Tabelle 10.5. Orthopädie/Unfallchirurgie/Traumatologie[a]

Eingriff	Wichtigste Erreger	Antibiotika	Dauer	Kategorie
Gelenkersatzoperation (Kaufhold et al. 1994; Kernolde u. Kaiser 1995; Norden 1991)	S. aureus, S. epidermidis	Basiscephalosporin (Dellinger et al. 1994; Gatell et al. 1981; Henley et al. 1986; Hill et al. 1981), [oder Staph.-Penicillin (Van Meirhaeghe et al. 1989)]	Einmalgabe (Dellinger et al. 1994); (bis maximal 24 h)	**A, I**
Hüftgelenknahe Frakturen (Kaufhold et al. 1994; Norden 1991)	Siehe oben	Siehe oben	Siehe oben	**A, I**[b]
Sonstige Operationen mit Implantation von Fremdmaterial	Siehe oben	Nicht völlig geklärt; von manchen Autoren empfohlen (Dellinger et al. 1994; Gatell et al. 1981; Boxma et al. 1996), Antibiotika s. oben.	Einmalgabe	**A, I**[c]
Operationen ohne Implantation von Fremdmaterial	Siehe oben	*Keine Antibiotikaprophylaxe, [evtl. Indikation bei Op.-Dauer >2 h (Henley et al. 1986)]*	–	*Nicht kategorisiert*[d]
Offene Frakturen (Dellinger 1991)	*S. aureus; auch gramnegative Erreger bei offenen Frakturen 3. Grades*	*Basiscephalosporin (Dellinger et al. 1994; Dellinger et al. 1988; Benson et al. 1980) oder Staph.-Penicillin (Braun et al. 1987)*	*12–24 h (Dellinger et al. 1988; Dellinger et al. 1988)*	*Nicht kategorisiert*

Tabelle 10.5 (Fortsetzung)

Eingriff	Wichtigste Erreger	Antibiotika	Dauer	Kategorie
Andere Traumata	–	*Keine verläßlichen Daten, Antibiotikagabe nach Kontaminationsgrad*	–	*Nicht kategorisiert*

[a] Hier wurden die Eingriffe im Gegensatz zum Original nach Lokalisationen getrennt betrachtet, da es hinreichende Evidenz gibt, daß Wundinfektionsraten in der Orthopädie/Unfallchirurgie von der Lokalisation des Eingriffes und der Größe der implantierten Fremdkörper abhängen.

[b] Hier ist die Indikation nicht völlig geklärt. Es gibt sowohl randomisierte doppeltblind durchgeführte Studien, die für die Prophylaxe sprechen (Boyd et al. 1973; Burnett et al. 1980; Bodoky et al. 1993), als auch Studien, die gegen die Prophylaxe sprechen (McQueen et al. 1990; Hjortrup et al. 1990; Buckley et al. 1990).

[c] Hier wird eine PAP als generelles Procedere bei der Osteosynthese geschlossener Frakturen v. a. durch die Ergebnisse einer neueren Studie propagiert (Boxma et al. 1996). Als Kritik an dieser Studie wäre in erster Linie anzuführen, daß die Wundinfektionsraten nicht nach Lokalisation der Eingriffe getrennt wurden, obwohl bekannt ist (und auch von der Untersuchung bestätigt), daß Eingriffe wie etwa die Osteosynthese hüftgelenknaher Frakturen, ein höheres Infektionsrisiko aufweisen als Osteosynthesen bei peripheren Frakturen.

[d] Bei diagnostischen und operativen arthroskopischen Eingriffen ist eine PAP nicht indiziert (Wieck et al. 1997).

Tabelle 10.6. Andere operative Fächer

Eingriff	Wichtigste Erreger	Antibiotika	Dauer	Kategorie
Gynäkologie und Geburtshilfe **Hysterektomie** (abdominal *und* vaginal; Trilla u. Mensa 1997; Mittendorf et al. 1991; Hemsell 1991; Hemsell et al. 1995)	E. coli und andere Enterobakterien, anaerobe Kokken, Bacteroides spp.	Basiscephalosporin plus Metronidazol (Hemsell et al. 1995) oder Aminopenicillin plus β-Laktamasehemmer	Einmalgabe	**A, I**
Sectio caesarea Notfallsectio; Sectio mehr als 6 h nach Blasensprung (Trilla u. Mensa 1997)	–	Basiscephalosporin: **Gabe nach Abklemmen der Nabelschnur!!**	Einmalgabe	**A, I**
Herzchirurgie (einschließlich Bypass- und Klappenersatz) Saubere Eingriffe, jedoch hohe Infektionsraten ohne PAP und dramatische Konsequenzen bei Auftreten einer Sternumosteomyelitis oder Kunstklappen-endokarditis (Trilla u. Mensa 1997)	S. aureus, S. epidermidis. Weniger häufig gramnegative Bakterien und Corynebacterium spp.	Cephalosporine der *2. Generation* (Kreter u. Woods 1992)	Nicht völlig geklärt, 24 h sind kosteneffektiv (1); *auf keinen Fall länger als 48 h* (Kreter u. Woods 1992). Einmalgabe möglich (Nooyen et al. 1994)	**A, I**
HNO-Chirurgie PAP bei größeren bedingt aseptischen Eingriffen mit Eröffnung der oralen oder pharyngealen Mukosa indiziert, „neck dissection" (Trilla u. Mensa 1997; Velanovich 1991)	Mundflora, selten S. aureus oder gramnegative Erreger	Basiscephalosporin oder Aminopenicillin plus β-Laktamasehemmer	Einmalgabe	**A, I**

Tabelle 10.6 (Fortsetzung)

Eingriff	Wichtigste Erreger	Antibiotika	Dauer	Kategorie
Lungenchirurgie *Indikation kontrovers (Hopkins 1991)*	*S. aureus, S. epidermidis*	*Wenn PAP: Basiscephalosporin (Aznar et al. 1991; Boulanger et al. 1992)*	*Einmalgabe (Aznar et al. 1991)*	**Nicht kategorisiert**

Neurochirurgie (Trilla u. Mensa 1997; Infection in Neurosurgery Working Party of the British Society for Antimicrobial Chemotherapy 1994)

Eingriff	Wichtigste Erreger	Antibiotika	Dauer	Kategorie
Saubere Eingriffe (z. B. Kraniotomien; Infection in Neurosurgery Working Party of the British Society for Antimicrobial Chemotherapy 1994; Haines u. Walters 1994)	–	Basiscephalosporin	Einmalgabe	**A, I** (für die Kraniomien)
Sauber-kontaminierte Eingriffe (Infection in Neurosurgery Working Party of the British Society for Antimicrobial Chemotherapy 1994) (Eröffnung der Sinus, operativer Zugang über Naso- oder Oropharynx)	–	Aminopenicillin plus β-Laktamasehemmer oder Basiscephalosporin plus Metronidazol	Einmalgabe	**A, I**
Shuntoperationen (Infection in Neurosurgery Working Party of the British Society for Antimicrobial Chemotherapy 1994; Trilla u. Mensa 1997; Haines 1989) Prävention externer Shuntinfektionen (selten; Infection in Neurosurgery Working Party of the British Society for Antimicrobial Chemotherapy 1994)	S. aureus, koagulasenegative Staphylokokken, Streptococcus spp., gramnegative Darmbakterien	Basiscephalosporin (Infection in Neurosurgery Working Party of the British Society for Antimicrobial Chemotherapy 1994)	Einmalgabe	**C, III** [a]

Schädelbasisfrakturen mit Liquorrhoe (Infection in Neurosurgery Working Party of the British Society for Antimicrobial Chemotherapy 1994)	–	*keine PAP*	–	**Nicht kategorisiert**
Urologie (Trilla u. Mensa 1997; Gross et al. 1994)				
Transurethrale Prostatektomie Indikationen kontrovers (Brühl u. Plassmann 1991). Falls positive Urinkultur vor dem Eingriff: Behandlung gemäß Antibiogramm und PAP. Falls negative Urinkultur: keine PAP erforderlich (in Institutionen mit normaler Rate an postoperativen Infektionen). Falls keine Urinkultur vor dem Eingriff verfügbar: PAP (Trilla u. Mensa 1997)	–	Basiscephalosporin (Slavis et al. 1992)	Einmalgabe (Slavis et al. 1992)	**B, III**
Andere offene urologische Eingriffe z.B. totale Zystektomie, Nephrektomie: PAP nach den Regeln der Allgemeinchirurgie	–	–	–	**B, III**
Nierentransplantation *Wenig Daten verfügbar, PAP in Betracht ziehen*	–	*Basiscephalosporin*	*Einmalgabe*	**Nicht kategorisiert**

[a] Gemäß der „Infection in Neurosurgery Working Party of the British Society for Antimicrobial Chemotherapy" gibt es drei widersprüchliche Metaanalysen, weshalb diese Institution keine Empfehlungen pro oder contra ausspricht (Infection in Neurosurgery Working Party of the British Society for Antimicrobial Chemotherapy 1994).

KAPITEL 11

Ökologische und ökonomische Empfehlungen

11.1 Einleitung

Umweltschutz hat inzwischen im täglichen Leben immer mehr an Bedeutung gewonnen. Da das Bewußtsein hierfür allgemein zugenommen hat, ist es wichtig, daß auch in der Krankenhaushygiene dieser Sensibilisierung Rechnung getragen wird. Durch Einsparungen von Ressourcen wird nicht nur die Belastung der Umwelt reduziert, sondern es können auch Kosten eingespart werden. In vielen Fällen bringen ökonomisch sinnvolle Maßnahmen auch ökologische Vorteile für ein Krankenhaus.

Hygienemaßnahmen im Krankenhaus haben einen nicht geringen Anteil an den Kosten in der Medizin. Häufig werden aber auch ökologisch bedenkliche Maßnahmen, die zudem noch zu einer Kostensteigerung führen, mit angeblich hygienischer Notwendigkeit begründet. Daher müssen alle Hygieneempfehlungen auch dahingehend überprüft werden, ob eine umweltverträgliche Alternative zur Verfügung steht, ohne daß der Hygienestandard gesenkt wird.

Praktisch muß für jede einzelne Präventionsmaßnahme untersucht werden, ob die dadurch bedingten Vorteile den zusätzlichen Aufwand und die zusätzlichen Kosten rechtfertigen (Scheckler et al. 1998). Das erfordert oft eine komplexe Analyse zum Vergleich der Kosten der möglicherweise vermiedenen Infektionen und der direkten und indirekten Kosten der Präventionsmaßnahmen.

Die Kostenkalkulationen müssen dabei v. a. folgende Faktoren berücksichtigen:

- Kosten für die Präventionsmaßnahmen, z. B.:
    - Ausgaben für den Kauf neuer Produkte,
    - Zeit für die Einführung neuer Maßnahmen,
    - Kosten für die Einführung und Anwendung neuer Hilfsmittel;
- Kosten der nosokomialen Infektionen:
    - Ausgaben für Diagnostik und Therapie,
    - Verlängerung der Krankenhausverweildauer,
    - Verlängerung der Zeit bis zur Wiederherstellung der Arbeitsfähigkeit,
    - langdauernde Behinderungen ggf. bis zum Tod durch eine nosokomiale Infektion.

Nichtpekuniäre Faktoren wie Patientenzufriedenheit, juristische Konsequenzen und negative „Publicity" dürfen dabei auch nicht vergessen werden.

Für das vor Ort tätige Hygienepersonal ist es häufig unmöglich, solche Analysen für die konkreten Bedingungen eines Krankenhauses oder einer Abteilung zu leisten. Deshalb bietet das Kategorisierungsschema der CDC/HICPAC-Empfehlungen eine wesentliche Hilfe bei der Entscheidungsfindung auch unter ökonomischen und ökologischen Aspekten, was im folgenden anhand von Beispielen vertieft werden soll.

Ferner wurden über die CDC/HICPAC-Empfehlungen hinaus im Rahmen der NIDEP-2-Studie einige für hygienische Fragestellungen relevante Bereiche und Maßnahmen aufgezeigt, bei denen Geld eingespart und gleichzeitig die Umwelt entlastet werden können, ohne daß der Hygienestandard gesenkt wird. Exemplarisch sollen deshalb die Bereiche Flächen- und Instrumentendesinfektion, Bettenaufbereitung und Resterilisation bzw. Wiederaufbereitung von Einwegprodukten behandelt werden.

11.2 Ökologische und ökonomische Entscheidungen anhand der HICPAC-Empfehlungen

11.2.1 Empfehlungen der Kategorien IA und IB

Bei Empfehlungen der Kategorie IA, deren Vorteil durch gute Studien nachgewiesen ist, kann es keine Frage sein, daß diese Maßnahmen auch umgesetzt werden müssen. Das muß auch dann erfolgen, wenn damit zusätzliche Kosten oder eventuell auch zusätzliche Umweltbelastungen verbunden sind (z.B. durch Desinfektionsmaßnahmen). Im wesentlichen trifft das auch für die Empfehlungen der Kategorie IB zu.

Gleichzeitig gibt es in der Kategorie IA aber auch Empfehlungen, die sich gegen die Durchführung bestimmter Maßnahmen aussprechen. In diesen Fällen sollten die Maßnahmen dann auch abgeschafft werden. Das klingt trivial, in der Realität existiert hier allerdings immer noch ein erhebliches Einsparungspotential, wie die folgenden Beispiele zeigen:

BEISPIEL 1

Empfehlung zur Prävention nosokomialer Pneumonien (Tablan et al. 1994):
- Beatmungsschläuche nicht häufiger als alle 48 h auswechseln, einschließlich Schläuche und Exspirationsventil sowie Verneblungs- und Dampfbefeuchter, solange das Gerät nur bei einem Patienten angewendet wird.

Inzwischen existiert ausreichend Evidenz, um die Wechselintervalle auf 7 Tage auszudehnen (Gastmeier et al. 1997; Stamm 1998).

Trotzdem gaben 50% der befragten repräsentativ ausgewählten deutschen Intensivstationen 1994 immer noch einen täglichen Wechsel der Beatmungsschläuche an (Hauer et al. 1996).

■ BEISPIEL 2

Empfehlung zur Prävention nosokomialer Pneumonien (Tablan et al. 1994):
- Keine routinemäßige Durchführung eines mikrobiologischen Monitorings der Patienten bzw. eines hygienischen Monitorings der Geräte und Hilfsmittel.

Trotzdem führten 25,9% der befragten repräsentativ ausgewählten deutschen Intensivstationen 1994 immer noch ein routinemäßiges Monitoring der Trachealsekrete durch (Hauer et al. 1996).

Die Empfehlung, kein routinemäßiges mikrobiologisches Monitoring durchzuführen, gilt ebenso für die Prävention katheterbedingter Harnwegsinfektionen (Wong u. Hooton 1981) und gefäßkatheterassoziierter Infektionen (Pearson u. the Hospital Infection Control Practices Advisory Committee 1996). Routinemäßige Umgebungsuntersuchungen im OP-Bereich sollen nach den Empfehlungen der CDC zur Prävention postoperativer Infektionen im OP-Gebiet (Wundinfektionen) ebenfalls unterlassen werden (Mangram et al. 1999).

■ BEISPIEL 3

Empfehlung zur Prävention der gefäßkatheterassoziierten Infektionen (Pearson et al. 1996):
- Wechsel der Infusionsbestecke einschließlich der Dreiwegehähne nicht häufiger als alle 72 h außer bei klinischer Indikation.

Inzwischen gibt es eine Untersuchung, daß die Wechselintervalle sogar noch über 72 h hinaus verlängert werden können, sofern nicht Blut, totale parenterale Ernährung oder IL-2 über die Systeme verabreicht werden (Raad et al. 1998).

Trotzdem wechselten 66% der befragten repräsentativ ausgewählten deutschen Intensivstationen 1994 noch täglich die Infusionssysteme (Hauer et al. 1996).

■ BEISPIEL 4

Empfehlung zur Prävention der gefäßkatheterassoziierten Infektionen (Pearson et al. 1996):
- Kein routinemäßiger Wechsel des Verbandes der ZVK-Einstichstelle. Der Verband soll belassen werden, bis der Katheter entfernt oder gewechselt wird oder bis der Verband feucht, lose oder schmutzig ist.

In vielen Kliniken wird immer noch alle 2 oder 3 Tage ein routinemäßiger Verbandwechsel durchgeführt. Dies ist personalintensiv, belastet u. U. den Patienten und erzeugt unnötigen Müll.

■ BEISPIEL 5

Empfehlung zur Prävention der gefäßkatheterassoziierten Infektionen (Pearson et al. 1996):

■ Keine routinemäßige Verwendung von Inlinefiltern zur Infektionsprophylaxe.

Bisher konnte wissenschaftlich nicht nachgewiesen werden, daß Inlinefilter die Häufigkeit der venenkatheterassoziierten Sepsis reduziert. Trotzdem werden v. a. auf Intensivpflegestationen noch häufig Inlinefilter verwendet. 38,2% der befragten repräsentativ ausgewählten Intensivstationen benutzten Inlinefilter (Hauer et al. 1996). Diese sind teuer und erzeugen unnötigen Abfall.

■ BEISPIEL 6

Prävention postoperativer Infektionen im OP-Gebiet (Wundinfektionen; Mangram et al. 1999):

Chirurgische Masken müssen beim Betreten des OP-Saales während einer Operation getragen werden.

In einer prospektiven, randomisierten und kontrollierten Studie konnte kein Unterschied in den postoperativen Wundinfektionsraten gefunden werden, wenn das OP-Team Masken trug oder nicht (Tunevall 1991). Daraus kann man nicht die generelle Empfehlung ableiten, beim Operieren keine Masken zu tragen. Aber man kann die in den meisten Krankenhäusern übliche Praxis, bereits bei jedem Betreten der OP-Abteilung eine Maske anzulegen, in Frage stellen. Die Einsparungen an Kosten und unnötigem Müll sind beträchtlich, wenn für Personen, die sich im OP-Bereich, aber außerhalb der OP-Säle bewegen, die Maskenpflicht entfällt.

11.2.2 Empfehlungen der Kategorie II

Diese Empfehlungen beziehen sich in der Regel nur auf bestimmte Patientengruppen oder die Anwendung bestimmter Maßnahmen. Deshalb sollten bei der Abwägung über die Einführung oder Abschaffung dieser Maßnahmen besonders sorgfältig die konkreten Bedingungen der jeweiligen Station bzw. der Abteilung beachtet werden. Durch die Angabe des umfangreichen Literaturverzeichnisses der CDC-/HICPAC-Empfehlungen ist die Möglichkeit gegeben, nachzuvollziehen, bei welchen Patientengruppen bzw. unter welchen Umständen diese Maßnahmen in den Studien geprüft wurden, um so mögliche Parallelen zu den Patienten des eigenen Krankenhauses zu ziehen bzw. bei deutlichen Unterschieden diese Empfehlungen nicht zu übernehmen, was in den folgenden Beispielen dargestellt wird.

BEISPIEL 7

Empfehlung zur Prävention der gefäßkatheterassoziierten Infektionen (Pearson et al. 1996):

- Bei Erwachsenen ist die Verwendung von silberimprägnierten Kollagencuffs oder antimikrobiell oder antiseptikaimprägnierten zentralen Venenkathetern in Betracht zu ziehen, wenn nach Einhaltung von anderen Infektionskontrollmaßnahmen weiterhin eine inakzeptabel hohe Infektionsrate besteht.

Inzwischen liegen weitere Studien zur Verwendung von Chlorhexidin-/Silbersulfadiazin-imprägnierten bzw. antimikrobiell imprägnierten dreilumigen ZVK vor (Maki et al. 1997; Raad et al. 1997). Sie ergaben allerdings nur einen Vorteil bei bestimmten, sehr schwer kranken Patienten. Maki et al. (1997) stellen fest, daß die von ihnen untersuchten Katheter nur dann kosteneffektiv sind, wenn die katheterassoziierte Sepsisrate höher als 3 pro 1000 ZVK-Tage ist und die Katheter das Infektionsrisiko um wenigstens 50% reduzieren. Bei hämatologisch-onkologischen Patienten konnte durch Verwendung von Chlorhexidin-/Silbersulfadiazin-imprägnierten ZVK kein statistisch signifikanter Effekt auf die ZVK-assoziierte Sepsisrate nachgewiesen werden (Logghe et al. 1997).

11.2.3 Kategorie keine Empfehlungen, ungelöste Fragen

Sofern eine Empfehlung in dieser CDC-Kategorie aufgeführt ist, besteht die Freiheit, sie durchzuführen oder nicht. Bei dieser Entscheidung spielen dann ökonomische und ökologische Gesichtspunkte eine ganz besondere Rolle.

Im folgenden soll anhand eines Beispiels gezeigt werden, wie dabei vorgegangen werden kann.

BEISPIEL 8

Empfehlungen zur Prävention nosokomialer Pneumonien (Tablan et al. 1994):

- Keine Empfehlung von geschlossenen Mehrfachabsaugsystemen gegenüber dem offenen Einmalabsaugsystem.

Verschiedene Untersucher (Deppe et al. 1990; Decker et al. 1993) haben diese beiden Absaugsysteme in klinischen Studien miteinander verglichen, allerdings wurden nur geringe Patientenzahlen untersucht. Die Ergebnisse der Studien weisen aber darauf hin, daß das Pneumonierisiko sich bei beiden Absaugkathetersystemen nicht unterscheidet.

In einer Untersuchung sind Daschner et al. (Daschner et al. 1996) deshalb der Frage nachgegangen, welchem System aus ökologischen (Abfallbelastung) und ökonomischen Gründen der Vorzug zu geben wäre. Sie haben die Daten für einen 24- und 48stündigen Wechsel der geschlossenen Systeme im Vergleich mit den offenen Systemen untersucht. Dabei wurden folgende Fakten der **Kostenberechnung** zugrundegelegt:

Für die Verbrauchsartikel wurden Listenpreise ohne Rabatte eingesetzt. Die für die jeweiligen Absaugvorgänge notwendigen Arbeitszeiten wurden mit der Stoppuhr gemessen.

Arbeitszeitkosten	Tarif auf Intensivpflegestationen BAT Kr VI.	68 618,46 DM/Jahr; 0,62 DM/Minute
Durchschnittskosten für die Entsorgung:	Reststoffabfall	0,35 DM/kg
	Papier/Kartonagen	0,33 DM/kg
	Glas	0,16 DM/kg
	Verbunde/Kunststoffe	2,61 DM/kg

Im Durchschnitt wurde ein beatmeter Patient alle 2 h abgesaugt (d. h. 12 bzw. 24 Absaugvorgänge bei 24 bzw. 48 h Verweildauer des Systems).

Tabelle 11.1 zeigt die Kostenbilanz nach den Ergebnissen dieser Untersuchung und Tabelle 11.2 die entsprechende Abfallbilanz.

Entscheidet man sich für die offenen Absaugsysteme, so entscheidet man sich für höhere Abfallmengen, entscheidet man sich für die geschlossenen Systeme, so resultieren daraus höhere Kosten.

Tabelle 11.1. Kostenbilanz

Kostenfaktoren	Verweildauer 24 h	Verweildauer 48 h
Geschlossenes Absaugsystem		
Wechsel		
Beschaffung	49,90	49,90
Arbeitszeit	2,11	2,11
Reststoffabfall	0,03	0,03
Papier/Kartonagen	0,01	0,01
Verbunde/Kunststoffe	0,06	0,06
Absaugen		
Beschaffung	15,96	31,92
Arbeitszeit	15,36	30,72
Reststoffabfall	0,17	0,35
Papier/Kartonagen	0,01	0,02
Glas	0,02	0,03
Verbunde/Kunststoffe	0,03	0,06
Summe	*83,66 DM*	*115,21 DM*
Offenes Absaugsystem		
Beschaffung	18,12	36,24
Arbeitszeit	8,16	16,32
Reststoffabfall	0,22	0,58
Papier/Kartonagen	0,07	0,15
Verbunde/Kunststoffe	0,20	0,40
Summe	*26,77 DM*	*53,69 DM*

Tabelle 11.2. Abfallbilanz

Kostenfaktoren	Verweildauer 24 h	Verweildauer 48 h
Geschlossenes Absaugsystem		
■ *Wechsel*		
Reststoffabfall	79,4 g	79,4 g
Papier/Kartonagen	31,1 g	31,1 g
Verbunde/Kunststoffe	22,5 g	22,5 g
■ *Absaugen*		
Reststoffabfall	498,0 g	996,0 g
Papier/Kartonagen	28,1 g	56,2 g
Glas	106,9 g	213,8 g
Verbunde/Kunststoffe	11,9 g	23,8 g
Summe	*777,9 g*	*1289,8 g*
Offenes Absaugsystem		
Reststoffabfall	618,0 g	1240,8 g
Papier/Kartonagen	225,5 g	451,0 g
Verbunde/Kunststoffe	76,9 g	153,8 g
Summe	*920,4 g*	*1845,6 g*

Nach den Empfehlungen eines Herstellers von geschlossenen Absaugsystemen sollen die Systeme alle 24 h gewechselt werden. Dabei wird angenommen, daß die Bakterien sich an der Oberfläche der Absaugkatheter ansammeln, vermehren, bei einem erneuten Absaugen in die Lunge gelangen und so zur Entstehung einer Pneumonie führen können. Andere Untersucher haben gezeigt, daß häufigere Manipulationen am Beatmungssystem die Entstehung von Pneumonien eher ungünstig beeinflussen (Craven et al. 1986; Kollef et al. 1995).

Deshalb wurde inzwischen eine randomisierte kontrollierte Studie durchgeführt, um zu untersuchen, ob der tägliche Wechsel der geschlossenen Absaugsysteme wirklich eine sinnvolle Empfehlung ist (Kollef et al. 1997). Bei 258 Patienten wurde kein routinemäßiger Wechsel der Absaugsysteme durchgeführt, in der Gruppe der anderen 263 Patienten erfolgte ein täglicher Wechsel. In der ersten Gruppe erkrankten 38 Patienten (14,7%) an einer nosokomialen Pneumonie, in der zweiten Gruppe waren es 39 (14,8%; relatives Risiko 0,99, CI_{95} 0,66–1,50). Auch hinsichtlich der Letalität an nosokomialer Pneumonie, der Mortalität insgesamt und der Verweildauer zeigten sich keine Unterschiede zwischen den Gruppen.

Eine erhebliche Differenz resultierte allerdings bei den Kosten. Während in der Gruppe der Patienten mit täglichem Wechsel der Absaugsysteme insgesamt 1224 Wechsel anfielen, die zu 11016 $ Kosten führten, waren es in der anderen Gruppe nur 93 Wechsel (bei sichtbarer Verschmutzung der Absaugkatheter oder mechanischer Behinderung), die nur 837 $ Kosten erzeugten.

Somit ist nach wie vor unentschieden, ob das Pneumonierisiko bei Verwendung geschlossener oder offener Absaugsysteme höher ist. Sofern aber geschlossene Absaugsysteme verwendet werden, die auch ohne routinemäßigen Wechsel sicher verwendet werden können, kommen dadurch eine deutlich geringere Abfallbelastung und eine Kosteneinsparung zustande, die für die Anwendung der geschlossenen Systeme sprechen. Außerdem wird dadurch das Risiko der Kreuzinfektion zwischen verschiedenen Patienten und der Exposition des Personals reduziert, da das regelmäßige Öffnen der System entfällt.

Dieses Beispiel zeigt, wie ohne endgültige wissenschaftliche Evidenz unter Berücksichtigung ökologischer und ökonomischer Aspekte eine sinnvolle Entscheidung im Sinne des Patienten und des Krankenhauses getroffen werden kann.

11.3 Weitere ökologisch/ökonomisch relevante Bereiche

Im Rahmen der NIDEP-2-Studie wurden in Qualitätszirkeln auch Fragestellungen thematisiert, die sich nicht direkt auf die CDC-Guidelines zur Prävention nosokomialer Infektionen beziehen. Ihre Relevanz im Hinblick auf Kosten und Umweltverträglichkeit des Hygienemanagements eines Krankenhauses liegt aber auf der Hand. Aufgrund unnötiger (Hygiene-)Maßnahmen sind Einsparungen dabei besonders in den Bereichen Desinfektion, Bettenaufbereitung und bei der Wiederaufbereitung bzw. Resterilisation von Einwegprodukten möglich.

11.3.1 Flächendesinfektion/Instrumentendesinfektion

Eine routinemäßige Flächendesinfektion in allen Bereichen eines Krankenhauses ist aus hygienischer Sicht nicht notwendig (hygienischer Aspekt), kostenaufwendig (ökonomischer Aspekt) und umweltbelastend (ökologischer Aspekt).

Die Kontamination von Flächen, die nicht mit infektionsgefährdeten Körperstellen in Kontakt kommen, ist krankenhaushygienisch von untergeordneter Bedeutung, weshalb routinemäßig lediglich Reinigungsmaßnahmen erforderlich sind (Kappstein 1997). Unter Beibehaltung des Hygienestandards besteht der Beitrag zum Umweltschutz und zur Kostenreduktion darin, die Flächendesinfektionsmaßnahmen auf das hygienisch notwendige Maß zu beschränken. Konkret bedeutet dies, jede einzelne (Flächen-)Desinfektionsmaßnahme auf ihre Notwendigkeit hin zu hinterfragen.

Geräte und Instrumente sollen vorzugsweise vollautomatisch thermisch gereinigt und desinfiziert werden. Die chemische Desinfektion ist immer Mittel der zweiten Wahl (Dettenkofer u. Daschner 1997). Das in den meisten deutschen Krankenhäusern routinemäßig verwendete BGA-Programm (93 °C; 10 min) ist nur im Seuchenfall (§10 BSeuchG), und auch dann nur auf Anordnung des Amtsarztes notwendig. Seine routinemäßige Anwendung führt zu unnötigen Kosten, zu einer Belastung der Umwelt durch den erhöhten Energieverbrauch und zu erhöhtem Materialverschleiß.

BEISPIEL 9

Am Beispiel des Interventionskrankenhauses L konnte in der NIDEP-2-Studie gezeigt werden, wie die Reduktion von Flächen- und Instrumentendesinfektionsmaßnahmen zu einer erheblichen Einsparung eines aldehydischen Desinfektionsmittels geführt hat. Der hygienische Standard wurde dabei nicht gesenkt.

Die in Tabelle 11.3 aufgeführten Änderungen im Bereich der Flächen- und Instrumentendesinfektion betreffen neben der chirurgischen, intensivmedizinischen und OP-Abteilung auch die internistische und gynäkologische Abteilung dieses Krankenhauses.

Der Verbrauch an aldehydischem Desinfektionsmittel konnte um 64% gesenkt werden. Die Kosten sanken entsprechend.

11.3.2 Bettenaufbereitung

Bettgestelle und Matratzen stellen ein äußerst geringes Infektionsrisiko dar. Daher ist eine Reinigung in den meisten Fällen ausreichend. Nur Intensivbetten, Dialysebetten, Betten von infektiösen Patienten und Betten, die sichtbar mit Blut, Stuhl, Urin oder Sekreten kontaminiert sind, sollten desinfiziert werden (Bauer et al. 1995). Bei Betten, die desinfiziert werden müssen, ist eine Wischdesinfektion ausreichend.

Zentrale Bettendesinfektionsanlagen sind überflüssig. Bettenzentralen befinden sich im übrigen meist nicht zentral in einer Klinik, sondern dezentral im Keller; dies bedingt lange Transportzeiten und entsprechende Aufzugskapazitäten. Außerdem unterscheidet eine Bettgestellwaschanlage nicht

Tabelle 11.3. Mögliche Änderungen im Bereich der Flächen- und Instrumentendesinfektion

Zeitraum eines halben Jahres vor Intervention	Zeitraum eines halben Jahres nach Intervention
Chemische Desinfektion der Instrumente auf Station	Trockenentsorgung der Instrumente
Chemische Desinfektion der meisten Instrumente auf Station	Alle Instrumente werden thermisch desinfiziert
Einmal tgl. Desinfektion der OP-Wände	Desinfektion der OP-Wände nur nach Kontamination
Tgl. Desinfektion der patientennahen Flächen einschließlich des Fußbodens auf Normalstation	Tgl. Reinigung mit umweltfreundlichem Reiniger; Desinfektion der patientennahen Flächen (u. U. auch des Fußbodens) nur bei Verlegung bzw. Entlassung des Patienten
Tgl. Desinfektion von Siphons und Toilettensitzen	Tgl. Reinigung mit umweltfreundlichem Reiniger
750 l Gesamtverbrauch eines aldehydischen Desinfektionsmittels	270 l Gesamtverbrauch eines aldehydischen Desinfektionsmittels
Kosten: 5530 DM	*Kosten: 1890 DM*

zwischen stark und kaum verschmutzten Betten, so daß für jedes Bettge-
stell immer die gleiche Menge an Wasser, Energie, Reinigungs- und Desinfektionsmittel benutzt wird. Mit der Abschaffung zentraler Bettendesinfektionsanlagen und der Reduktion von Desinfektionsmaßnahmen im Bereich
der Bettenaufbereitung lassen sich Kosten und (Arbeits-)Kapazitäten ein-
sparen, und gleichzeitig wird die Umwelt entlastet.

11.3.3 Wiederaufbereitung* bzw. Resterilisation** von Einwegprodukten

Durch die Verwendung von Mehrweg- statt Einwegprodukten kann ein großer Beitrag zur Ökologie im Krankenhaus geleistet werden, der außerdem
erheblich Kosten einspart. Viele Einwegprodukte sind zudem aus hygienischen Gründen nicht notwendig und können schon aus diesem Grunde
durch Mehrwegprodukte ersetzt werden.

Darüber hinaus können aber auch viele Einwegprodukte wiederaufbereitet bzw. resterilisiert werden. Dies wird weder durch das Arzneimittelgesetz
noch durch das Medizinproduktegesetz verboten (Schorn 1995). Die Centers for Disease Control and Prevention, USA, und das ehemalige Bundes-
gesundheitsamt, Berlin, veröffentlichten sogar Empfehlungen, unter welchen Voraussetzungen Einwegmaterialien resterilisiert bzw. wiederaufbereitet werden können (Greene 1996; Kommission für Krankenhaushygiene
und Infektionsprävention 1992).

Die Bezeichnung als Einwegprodukt ist ausschließlich eine Begriffsbe-
stimmung des Herstellers, der in der Regel kein Interesse an der Wiederaufbereitung seines Produktes hat. Dies bedeutet aber nicht, daß das Produkt nur einmal verwendet werden darf. Allerdings haftet der Hersteller
nur für den ersten Einsatz seines Einwegproduktes, dies allerdings auch
nicht in jedem Fall. Es gibt Hersteller, die die Haftung auch für den einma-
ligen Gebrauch ihres Produktes ablehnen. Die Verantwortung für den hygienisch und technisch einwandfreien Zustand eines resterilisierten oder
wiederaufbereiteten Einwegproduktes übernimmt der Anwender. Eine Auf-
klärungspflicht gegenüber dem Patienten besteht nicht.

Soweit ein Medizinprodukt als Einwegprodukt in einer Klinik oder in einer Arztpraxis resterilisiert bzw. wiederaufbereitet wird, handelt es sich
nicht um eine Herstellung und damit nicht um das erstmalige Inverkehr-
bringen im Sinne des Medizinproduktegesetzes (§3 Nr. 15 MPG).

Für die Aufbereitung von Einmalartikeln muß ein standardisiertes Verfahren verwendet werden, das garantiert, daß der Patient durch das wieder-
aufbereitete Produkt ebensowenig gefährdet wird wie durch das Einwegprodukt. Die aufbereiteten Produkte sollen als solche gekennzeichnet sein.

Einwegprodukte können bzgl. Hygiene und Funktion in verschiedene Risikogruppen eingeteilt werden (s. Tabelle 11.4).

---

* Das Einwegprodukt wird nach Verwendung gereinigt, desinfiziert und/oder sterilisiert.
** Das Einwegprodukt wird ohne zwischenzeitliche Benutzung am Patienten erneut sterilisiert (z.B. wegen defekter Verpackung).

Kritische Einwegartikel müssen gereinigt und sterilisiert werden, semikritische Einwegprodukte müssen gereinigt und desinfiziert werden, für die Wiederaufbereitung von unkritischen Produkten genügt meist die Reinigung, ggf. mit Desinfektion.

Tabelle 11.4. Klassifikation von Einwegprodukten in Risikogruppen

Risikogruppe	Bezüglich Hygiene (Gefährdung des Patienten durch Infektionsrisiko)	Bezüglich Funktion (Gefährdung des Patienten durch Defekt des Materials)
Kritische Artikel	Kontakt mit Blut, Gewebe oder inneren Organen	Gefährdung des Patienten durch Materialdefekt des resterilisierten/wiederaufbereiteten Einwegmaterials
Semikritische Artikel	Kontakt mit intakter Schleimhaut	Gefährdung des Patienten nur dann, wenn die Untersuchung wiederholt werden muß, weil das resterilisierte/wiederaufbereitete Einwegmaterial defekt war
Unkritische Artikel	Kontakt mit intakter Haut	Kein Risiko für den Patienten

Tabelle 11.5. Einwegprodukte und ihre Alternativen

Einwegprodukt	Alternative
Abdecktücher (OP)	Mehrweg
Absaugschläuche, -geräte	Mehrweg, Wiederverwendung
Atemtrainer	Wiederaufbereitung (z. B. Triflow)
Bettenabdeckhauben	Verzicht bzw. Bettücher
Einwegklemmen	Wiederaufbereitung
Einwegrasierer	Mehrweg, elektrische Haarschneidemaschine
Einmalscheren	Mehrweg, Wiederaufbereitung
Endotrachealtuben	Wiederaufbereitung
Führungsdrähte	Wiederaufbereitung
Herzkatheter	Wiederaufbereitung
Infusionsflaschenaufhänger	Mehrweg
Kathetersets	(Eigen)zusammenstellung; PVC-frei
Klammergerät, -entferner	Mehrweg, Wiederaufbereitung
Magensondenspritzen	Wiederaufbereitung
OP-Kittel	Mehrweg
Redonflaschen	Mehrweg (Glas, Polycarbonat)
Sauerstoffmasken	Wiederaufbereitung
Sauerstoffzuleitungen	Wiederaufbereitung
Sterilverpackungen	Mehrwegcontainer
Thermometer	quecksilberfrei, elektronisch
Waschlappen	Mehrweg

11.3.4 Ersatz von Einwegprodukten durch Mehrwegprodukte

Durch die Verwendung von Mehrweg- statt Einwegprodukten kann ein großer Beitrag zur Ökologie im Krankenhaus geleistet werden, der sich zudem in nicht unerheblichem Maße auch in ökonomischer Hinsicht auswirkt. Viele Einwegprodukte sind aus hygienischen Gründen nicht notwendig und können schon aus diesem Grunde durch Mehrwegprodukte ersetzt werden. Für diese müssen allerdings sichere Aufbereitungsverfahren im Krankenhaus vorhanden sein bzw. eingerichtet werden.

Einige Beispiele von Einwegprodukten, die durch Mehrwegprodukte ersetzt bzw. die als Einwegprodukte wiederaufbereitet werden können, gibt Tabelle 11.5.

Literatur

Aberg C, Thore M (1991) Single vs. triple dose antimicrobial prophylaxis in elective abdominal surgery and the impact on bacterial ecology. J Hosp Infect 18:149–154

Adesanya AA, Osegbe DN, Amaku EO (1993) The use of intermittent chlorhexidine bladder irrigation in the prevention of post-prostatectomy infective complications. Int Urol Nephrol 25:359–367

al-Juburi AZ, Cicmanec J (1989) New apparatus to reduce urinary drainage associated with urinary tract infections. Urology 33:97–101

Andersen JT, Heisterberg L, Hebjorn S et al. (1985) Suprapubic vs. transurethral bladder drainage after colposuspension/vaginal repair. Acta Obstet Gynecol Scand 64:139–143

Arnaud JP, Bellissant E, Boissel P et al. (1992) Single-dose amoxycillin-clavulanic acid vs. cefotetan for prophylaxis in elective colorectal surgery: a multicentre, prospective, randomized study. The PRODIGE Group. J Hosp Infect 22 Suppl A:23–32

Aznar R, Mateu M, Miro JM et al. (1991) Antibiotic prophylaxis in non-cardiac thoracic surgery: cefazolin vs. placebo. Eur J Cardiothorac Surg 5:515–518

Bach D, Brühl P (1995) Nosokomiale Harnweginfektionen. Prävention und Therapiestrategien bei Katheterisierung und Harndrainage. Jungjohann, Neckarsulm

Ball AJ, Carr TW, Gillespie WA, Kelly M, Simpson RA, Smith PJ (1987) Bladder irrigation with chlorhexidine for the prevention of urinary infection after transurethral operations: a prospective controlled study [see comments]. J Urol 138:491–494

Bauer M, Mari M, Daschner F (1995) Umweltschutz im Krankenhaus, AOK Handbuch. Verlagsges. W.E. Weinmann, Filderstadt

Bauer T, Vennits B, Holm B et al. (1989) Antibiotic prophylaxis in acute nonperforated appendicitis. The Danish Multicenter Study Group III. Ann Surg 209:307–311

Beck EG (1995) Infektions-Epidemiologie. In: Beck, Eikmann (Hrsg) Hygiene in Krankenhaus und Praxis. Ecomed, München, S I-9, 1–13

Becker PM, McVey LJ, Feussner JR, Cohen MJ (1987) Hospital-acquired complications in a randomized controlled clinical trial of a geriatric consultation team. JAMA 257:2313–2317

Beck-Sague C, Jarvis WR, Martone WJ (1997) Outbreak investigations. Infect Control Hosp Epidemiol 18:138–145

Benson DR, Riggin RS, Lawrence RM et al. (1980) Treatment of open fractures: a prospective study. J Trauma 23:25–30

Bergman A, Matthews L, Ballard CA, Roy S (1987) Suprapubic vs. transurethral bladder drainage after surgery for stress urinary incontinence. Obstet Gynecol 69:546–549

Berwick DM (1989) Continuous Improvement as an Ideal in Health Care. N Engl J Med 320:53–56

Birkner B (1996) Evaluierung von ärztlichen Qualitätszirkeln. Dtsch Ärztebl 93:B-1530–B-1531

Bjork DT, Pelletier LL, Tight RR (1984) Urinary tract infections with antibiotic resistant organisms in catheterized nursing home patients. Infect Control 5:173–176

Bodoky A, Neff U, Heberer M, Harder F (1993) Antibiotic prophylaxis with two doses of cephalosporin in patients managed with internal fixation for a fracture of the hip. J Bone Joint Surg Am 75:61–65

Boulanger G, Dopff C, Boileau S, Gerard A, Borrelly J, Canton P (1992) Antibiotic prophylaxis in pulmonary surgery: a randomized trial with cefamandole. Ann Fr Anesth Reanim 11:150–105

Boxma H, Broekhuizen T, Patka P, Oosting H (1996) Randomised controlled trial of single-dose antibiotic prophylaxis in surgical treatment of closed fractures: the Dutch Trauma Trial. Lancet 347:1133–1137

Boyd RJ, Burke JF, Colton T (1973) A double-blind clinical trial of prophylactic antibiotics in hip fractures. J Bone Joint Surg 55:1251–1258

Braun R, Enzler MA, Rittmann WW (1987) A double-blind clinical trial of prophylactic cloxacillin in open fractures. J Orthop Trauma 1:12–17

Bregenzer T, Widmer A, Conen D (1995) Routine replacement of peripheral catheters is not necessary: a prospective study. Can J Infect Dis 6(suppl. C):247 C, Abtsract

Britt MR, Garibaldi RA, Miller WA (1977) Antimicrobial prophylaxis for catheter-associated bacteriuria. Antimicrob Agents Chemother 11:240–243

Brühl P, Plassmann D (1991) Zur Wertbemessung der perioperativen antibiotischen Infektionsprophylaxe bei der transurethralen Prostatachirurgie. In: Häring R (Hrsg) Infektionsverhütung in der Chirurgie. Blackwell Wissenschaft, Berlin, S 398 ff.

Buckley R, Hughes GN, Snodgrass T, Huchcroft SA (1990) Perioperative cefazolin prophylaxis in hip fracture. Can J Surg 33:122–127

Bundesärztekammer (1996) Ärztliches Qualitätsmanagement. Bundesärztekammer, Köln

Burke F (1961) The effective period of preventive antibiotic action in experimental incisions and dermal lesions. Surgery 50:161–168

Burke JP, Jacobson JA, Garibaldi RA, Conti MT, Alling DW (1983) Evaluation of daily meatal care with poly-antibiotic ointment in prevention of urinary catheter-associated bacteriuria. J Urol 129:331–4

Burke JP, Riley DK (1996) Nosocomial urinary tract infections. In: Mayhall CG (ed) Hospital epidemiology and infection control. Williams & Wilkens, Baltimore, pp 139–153

Burnett JW, Gustilo RB, Williams DN, Kind AC (1980) Prophylactic antibiotics in hip fractures. A double-blind, prospective study. J Bone Joint Surg 62:457–462

Cann KJ, Watkins RM, George C, Payne-James J, Crawfurd E, Rogers TR (1988) A trial of mezlocillin vs. cefuroxime with or without metronidazole for the prevention of wound sepsis after biliary and gastrointestinal surgery. J Hosp Infect 12:207–214

Carapeti EA, Andrews SM, Bentley PG (1994) Randomised study of sterile vs. non-sterile urethral catheterisation. Ann R Coll Surg 76:59–60

Carpiniello VL, Cendron M, Altman HG, Malloy TR, Booth R (1988) Treatment of urinary complications after total joint replacement in elderly females. Urology 32:186–188

Centers for Disease Control (1986) Guidelines for the Prevention and Control of Nosocomial Infections. Guidelines for prevention of surgical wound infections, 1985. Am J Infect Control 14:71–82

Centers for Disease Control and Prevention (1994) Guidelines for preventing the transmission of Mycobacterium tuberculosis in health-care facilities, 1994. MMWR Morb Mortal Weekly Rep 43:113–132

Chene G, Boulard G, Gachie JP (1990) A controlled trial of a new material for coating urinary catheters. Agressologie 31:499–501

Classen DC, Evans RS, Pestotnik SL, Horn SD, Menlove RL, Burke JP (1992) The timing of prophylactic administration of antibiotics and the risk of surgical-wound infection. N Engl J Med 326:281–286

Classen DC, Larsen RA, Burke JP, Alling DW, Stevens LE (1991) Daily meatal care for prevention of catheter-associated bacteriuria: results using frequent applications of polyantibiotic cream. Infect Control Hosp Epidemiol 12:157–162

Classen DC, Larsen RA, Burke JP, Stevens LE (1991) Prevention of catheter-associated bacteriuria: clinical trial of methods to block three known pathways of infection. Am J Infect Control 19:136–142

Cook DJ, Mindorff C (1996) Critical review of the hospital epidemiology and infection control literature. In: Mayhall GC (Hrsg) Hospital Epidemiology and Infection Control. Williams & Wilkins, Baltimore, pp 1007–1016

Cooper CL, Jackson MM (1986) Outbreak of scabies in a small community hospital. Am J Infect Control 14:173–179

Craven DE, Kunches LM, Kilinisky V, Lichtenberg DA, Make BJ, McCabe WR (1986) Risk factors for pneumonia and fatality in patients receiving continuous mechanical ventilation. Am Rev Respir Dis 133:792–796

Culver DH, Horan TC, Gaynes RP et al. (1991) Surgical wound infections rates by wound class, operative procedure, and patient risk index. Am J Med 91 (Suppl 3B):152S–157S

Da Costa A, Kirkorian G, Cucherat M et al. (1998) Antibiotic Prophylaxis for Permanent Pacemaker Implantation. A meta-Analysis. Circulation 97:1796–1801

Darouiche RO, Raad II, Heard SO et al., the Catheter Study Group (1999) A comparison of two antimicrobial-impregnated central venous catheters. N Engl J Med 340:1–8

Daschner F (Hrsg) (1997) Praktische Krankenhaushygiene und Umweltschutz. Springer, Berlin Heidelberg New York Tokio (2. Auflage)

Daschner F, Huzly D, Scherrer M (1996) Hygienische, ökonomische und ökologische Untersuchungen mit einem geschlossenen Trachealabsaugsystem. Intensivmedizin 33:601–605

Davies AJ, Desai HN, Turton S, Dyas A (1987) Does instillation of chlorhexidine into the bladder of catheterized geriatric patients help reduce bacteriuria? J Hosp Infect 9:72–75

Decker MD (1992) Continuous Quality Improvement. Infect Control Hosp Epidemiol 13:165–169

Decker MD, Lancester AD, Latham RH et al. (1993) Influence of closed suctioning system on ventilator-associated pneumonias. 3rd Annual Meeting of the Society of Healthcare Epidemiology of America. Abstract

DeGroot-Kosolcharoen J, Guse R, Jones JM (1988) Evaluation of a urinary catheter with a preconnected closed drainage bag. Infect Control Hosp Epidemiol 9:72–76

Dellinger DP, Wertz MJ, Lennard ES, Oreskovich MR (1986) Efficacy of short-course antibiotic prophylaxis after penetrating intestinal injury. A prospective randomized trial. Arch Surg 121:23–30

Dellinger EP (1991) Antibiotic prophylaxis in trauma: penetrating abdominal injuries and open fractures. Rev Infect Dis 13 Suppl 10:S 847–857

Dellinger EP, Caplan ES, Weaver LD et al. (1988) Duration of preventive antibiotic administration for open extremity fractures. Arch Surg 123:333–339

Dellinger EP, Gross PA, Barrett TL et al. (1994) Quality standard for antimicrobial prophylaxis in surgical procedures. The Infectious Diseases Society of America. Infect Control Hosp Epidemiol 15:182–188

Dellinger EP, Miller SD, Wertz MJ, Grypma M, Droppert B, Anderson PA (1988) Risk of infection after open fracture of the arm or leg. Arch Surg 123:1320–1327

Deppe J (1996) Qualitätszirkel – Ideenmanagement durch Gruppenarbeit. Darstellung eines neuen Konzeptes in der deutschsprachigen Literatur. Bern

Deppe SA, Kelly JW, Thoi LL et al. (1990) Incidence of colonization, nosocomial pneumonia, and mortality in critically ill patients using a Trach Care closed-suction system vs. an open-suction system: prospective, randomized study. Crit Care Med 18:1389–1393

Dettenkofer M, Daschner F (1997) Umweltschonende Sterilisation und Desinfektion. In: Daschner F (Hrsg) Praktische Krankenhaushygiene und Umweltschutz. Springer, Berlin Heidelberg New York Tokio, S 201–221

Diamond T, Mulholland CK, Hanna WA, Parks TG (1988) A prospective randomized trial to compare triple dose mezlocillin with triple dose cefuroxime plus metronidazole as prophylaxis in colorectal surgery. J Hosp Infect 12:215–219

Dineen P, Drusin L (1973) Epidemics of postoperative wound infections associated with hair carriers. Lancet II:1157–1159

DiPiro JT, Cheung JT, Bowden TA, Mansberger JA (1986) Single dose systemic antibiotic prophylaxis of surgical wound infections. Am J Surg 152:552–559

Dobbs SP, Jackson SR, Wilson AM, Maplethorpe RP, Hammond RH (1997) A prospective, randomized trial comparing continuous bladder drainage with catheterization at abdominal hysterectomy. Br J Urol 80:554–556

Donabedian A (1980) The Definition of quality and approaches to its assessment. Health Adminsitration Press. Ann Arbor/MI, pp 77–85

Duffy LM, Cleary J, Ahern S et al. (1995) Clean intermittent catheterization: safe, cost-effective bladder management for male residents of VA nursing homes. J Am Geriatr Soc 43:865–870

Emori TG, Gaynes RP (1993) An overview of nosocomial infections, including the role of the microbiology laboratory. Clin Microbiol Rev 6:428–442

Evans RS, Larsen RA, Burke JP et al. (1986) Computer surveillance of hospital acquired infections and antibiotic use. JAMA 256:1007–1011

Falkiner FR (1993) The insertion and management of indwelling urethral catheters-minimizing the risk of infection. J Hosp Infect 25:79–90

Ford-Jones EL, Mindorff CM, Pollock E et al. (1989) Evaluation of a new method of detection of nosocomial infection in the pediatric intensive care unit: The infection control sentinel sheet system. Infect Control Hosp Epidemiol 10:515–520

Forster DH, Gastmeier P, Rüden H, Daschner FD (1999) Prävention nosokomialer Harnweginfektionen. Intensivmed 36:15–26

French GL (1993) Closing the loop: audit in infection control. J Hosp Infect 24:301–308

Fridkin SK, Pear SM, Williamson TH, Galgiani JN, Jarvis WR (1996) The role of understaffing in central venous catheter-associated bloodstream infection. Infect Control Hosp Epidemiol 17:150–158

Fryklund B, Haeggman S, Burman LG (1997) Transmission of urinary bacterial strains between patients with indwelling catheters-nursing in the same room and in separate rooms compared. J Hosp Infect 36:147–153

Garner JS (1986) CDC guideline for prevention of surgical wound infections, 1985. Supercedes guideline for prevention of surgical wound infections published in 1982. (Originally published in 1995). Revised. Infect Control 7:193–200

Garner JS, Emori WR, Horan TC, Hughes JM (1988) CDC definitions for nosocomial infections. Am J Infect Control 16:128–140

Gassen HG, Sachse GE, Schulte A (1994) PCR Grundlagen und Anwendungen der Polymerase-Kettenreaktion. G. Fischer, Stuttgart

Gastmeier P, Bräuer H, Schumacher M, Daschner F, Rüden H (1999) How many noscomial infections are missed if identification is restricted to patients with microbiology reports or antibiotic administration? Infect Control Hosp Epidemiol 20:124–127

Gastmeier P, Kampf G, Hauer T, Schlingmann J, Schumacher M, Daschner F, Rüden H (1998) Experience with two validation methods in a prevalence survey on nosocomial infections. Infect Control Hosp Epidemiol 19:668–673

Gastmeier P, Weist K, Schlingmann J, Schumacher M, Daschner F, Rüden H (1997) Nosokomiale Infektionen in Deutschland – Erfassung und Prävention: Harnweginfektionen in deutschen Krankenhäusern und die Bedeutung der Harnwegkatheter. Urologe 37:360–365

Gastmeier P, Wendt C, Rüden H (1997) Beatmungssystemwechsel in der Intensivtherapie. Einmal täglich oder einmal wöchentlich? Anästhesist 46:943–948

Gatell JM, Riba J, Lozano L et al. (1981) Prophylactic cefamandol in orthopedic surgery. J Bone Joint Surg J Bone Joint Surg 66 A:1219–1222

Gaynes PR, Horan TC (1996) Surveillance of nosocomial infections. In: Mayhall CG (Hrsg) Hospital Epidemiology and Infection Control. Williams & Wilkins, Baltimore, pp 1017–1031

Gerlach FM, Beyer M, Szecsenyi J, Fischer GC (1998) Leitlinien in Klinik und Praxis. Dtsch Ärztebl 95:B-820–825

Gillespie WA, Simpson RA, Jones JE, Nashef L, Teasdale C, Speller DC (1983) Does the addition of disinfectant to urine drainage bags prevent infection in catheterised patients? Lancet I:1037–1039

Girou E, Brun-Buisson C (1996) Morbidity, mortality and the cost of nosocomial infections in critical care. Curr Opin Crit Care 2:347–351

Glenister H, Taylor L, Bartlett C, Cooke M, Sedgwick J, Leigh D (1991) An assessment of selective surveillance methods for detecting hospital-acquired infection. Am J Med 91:121S–124S

Goering RV (1993) Molecular epidemiology of nosocomial infection: analysis of chromosomal restriction fragment patterns by pulsed-field gel electrophoresis. Infect Control Hosp Epidemiol 14:595–600

Gorbach SL (1991) Antimicrobial prophylaxis for appendectomy and colorectal surgery. Rev Infect Dis 13 Suppl 10:S815–820

Greene VW (1996) Reuse of disposable devices. In: Mayhall CG (ed) Hospital epidemiology and infection control. Williams & Wilkins, Baltimore, pp 946–954

Gross PA, Barrett TL, Dellinger EP et al. (1994) Consensus development of quality standards. Infect Control Hosp Epidemiol 15:180–181

Gross PA, Beaugard A, Antwerpen C van (1980) Surveillance of nosocomial infections: Can the source of data be reduced? Infect Control 1:233–236

Hahn H, Falke D, Klein P (1994) Medizinische Mikrobiologie. Springer, Berlin Heidelberg New York Tokio

Haines SJ (1989) Efficacy of antibiotic prophylaxis in clean neurosurgical operations. Neurosurgery 24:401–405

Haines SJ, Walters BC (1994) Antibiotic prophylaxis for cerebrospinal fluid shunts: a metanalysis. Neurosurgery 34:87–92

Haley RW (1980) The accuracy of retrospective chart review in measuring nosocomial infection rates. Am J Epidemiol 111:516–533

Haley RW, Culver DH, White JW et al. (1985) The efficacy of infection surveillance and control programs in preventing nosocomial infections in US hospitals. Am J Epidemiol 121:182–205

Haley RW, Tenney JH, Lindsey JO, Garner JS, Bennett JV (1985) How frequent are outbreaks of nosocomial infection in community hospitals? Infect Control 6:233–236

Haley RW, White JW, Culver DH, Hughes JM (1987) The financial incentive for hospitals to prevent nosocomial infections under the prospective payment system. An empirical determination from a nationally representative sample. JAMA 257:1611–1614

Härter M, Vauth R, Tausch B, Berger M (1996) Ziele, Inhalt und Evaluation von Trainingsseminaren für Qualitätszirkelmoderatoren. Z Ärztl Fortbild 90:394–399

Hauer T, Lacour M, Gastmeier P, Schulgen G, Schumacher M, Rüden H, Daschner F (1996) Nosokomiale Infektionen auf Intensivstationen. Anästhesist 45:1184–1191

Hayward RSA, Wilson MC, Tunis SR, Bass EB, Guyatt G, ftE-BMWG (1995) Users' Guide to the Medical Literature. VIII. How to use clinical practice guidelines. A. JAMA 274:570–574

Hemsell DL (1991) Prophylactic antibiotics in gynecologic and obstetric surgery [see comments]. Rev Infect Dis 13 Suppl 10:S 821–841

Hemsell DL, Johnson ER, Hemsell PG, Nobles BJ, Little BB, Heard MC (1995) Cefazolin is inferior to cefotetan as single-dose prophylaxis for women undergoing elective total abdominal hysterectomy. Clin Infect Dis 20:677–684

Henley MB, Jones RE, Wyatt RW, Hofmann A, Cohen RL (1986) Prophylaxis with cefamandole nafate in elective orthopedic surgery. Clin Orthop 249–254

Hershman MJ, Swift RI, Reilly DT et al. (1990) Prospective comparative study of cefotetan with piperacillin for prophylaxis against infection in elective colorectal surgery. J R Coll Surg Edinb 35:29–32

Hess D, Burns E, Romagnoli D, Kacmarek RM (1995) Weekly ventilator circuit changes Anesthesiology 82:903–911

Hill C, Flamant R, Mazas F, Evrard J (1981) Prophylactic cefazolin vs. placebo in total hip replacement. Report of a multicentre double-blind randomised trial. Lancet I:795–796

Hinson PL, Instructional Methods (eds) (1996) Infection control and applied epidemiology. APIC, Mosby, St. Louis, pp 31-1–31-7

Hjortrup A, Sorensen C, Mejdahl S, Horsnæs M, Kjersgaard P (1990) Antibiotic prophylaxis in surgery for hip fractures. Acta Orthop Scand 61:152–152

Hoeffer jr RA, DuBois JJ, Ostrow LB et al. (1990) Wound complications following modified radical mastectomy: an analysis of perioperative factors. JAMA 90:47–53

Hopkins CL (1991) Antibiotic prophylaxis in clean surgery: peripheral vascular surgery, noncardiovascular surgery, herniorrhaphy, and mastectomy. Rev Infect Dis 13 (Suppl. 10):S 869–873

Horan TC, Emori TG (1997) Definitions of key terms used in the NNIS System. Am J Infect Control 25:112–116

Horan TC, Gaynes RP, Martone WJ, Jarvis WR, Emori TG (1992) CDC definitions of surgical site infections: a modification of CDC definitions of surgical wound infections. Infect Control Hosp Epidemiol 13:606–608

Hozack WJ, Carpiniello V, Booth Jr. RE (1988) The effect of early bladder catheterization on the incidence of urinary complications after total joint replacement. Clin Orthop 79–82

Hübner J, Frank U, Kappstein I, Just H-M, Noeldge G, George K, Geiger K, Daschner F (1989) Influence of architectural design on nosocomial infections in intensive care units – a prospective 2-years analysis. Intensive Care Med 15:179–183

Huth TS, Burke JP, Larsen RA, Classen DC, Stevens LE (1992) Clinical trial of junction seals for the prevention of urinary catheter-associated bacteriuria. Arch Intern Med 152:807–812

Huth TS, Burke JP, Larsen RA, Classen DC, Stevens LE (1992) Randomized trial of meatal care with silver sulfadiazine cream for the prevention of catheter-associated bacteriuria. J Infect Dis 165:14–18

Ichsan J, Hunt DR (1987) Suprapubic catheters: a comparison of suprapubic vs. urethral catheters in the treatment of acute urinary retention. Aust N Z J Surg 57:33–36

Illig KA, Schmidt E, Cavanaugh J, Krusch D, Sax HC (1997) Are prophylactic antibiotics required for elective laparoscopic cholecystectomy? J Am Coll Surg 184:353–356

Infection in Neurosurgery Working Party of the British Society for Antimicrobial Chemotherapy (1994) Antimicrobial prophylaxis in neurosurgery and after head injury. Lancet 344:1547–1551

Jagelmann DG, Fabian TC, Nichols RL (1988) Single dose cefotetan vs multidose cefoxitin as prophylaxis in colorectal surgery. Am J Surg 155:71–76

Jarvis WR (1998) Investigating endemic and epidemic nosocomial infections. In: Bennett JV, Brachman PS (eds) Hospital Infections. Lippincott-Raven, Philadelphia, pp 85–102

Jewesson PJ, Stiver G, Wai A et al. (1996) Double-blind comparison of cefazolin and ceftizoxime for prophylaxis against infections following elective biliary tract surgery. Antimicrob Agents Chemother 40:70–74

Johnson JR, Roberts PL, Olsen RJ, Moyer KA, Stamm WE (1990) Prevention of catheter-associated urinary tract infection with a silver oxide-coated urinary catheter: clinical and microbiologic correlates. J Infect Dis 162:1145–1150

Joiner GA, Salisbury D, Bollin GE (1996) Utilizing quality assurance as a tool for reducing the risk of nosocomial ventilator-associated pneumonia. Am Jo Med Qual 11:100–103

Kaiser AB (1986) Antimicrobial prophylaxis in surgery. N Engl J Med 315:1129–1138

Kappstein I (1997) Spezielle Epidemiologie nosokomialer Infektionen. In: Daschner F (Hrsg) Praktische Krankenhaushygiene und Umweltschutz. Springer, Berlin Heidelberg New York Tokio, S 41–66

Kappstein I, Schulgen G, Richtmann R, Farthmann EH, Schlosser V, Geiger K, Just H, Schumacher M, Daschner F (1991) Verlängerung der Krankenhausverweildauer durch nosokomiale Pneumonie und Wundinfektion. Dtsch Med Wochenschr 116:281–287

Kappstein I, Schulgen G, Waninger J, Daschner F (1993) Mikrobiologische und ökonomische Untersuchungen über verkürzte Verfahren für die chirurgische Händedesinfektion. Chirurg 64:400–405

Kaufhold H-W, Daschner F, Kienzler-Schär, Albrecht P (1994) Perioperative Antibiotikaprophylaxe. Hyg Med 19:213–222

Kernolde DS, Kaiser AB (1995) Postoperative infections and antimicrobial prophylaxis. In: Mandell GL, Bennett JE, Dolin R (eds) Principles and practice of infectious diseases. Churchill Livingstone, New York, pp 2742–2756

Kerr-Wilson RH, McNally S (1986) Bladder drainage for caesarean section under epidural analgesia. Br J Obstet Gynaecol 93:28–30

Klarskov P, Bischoff N, Bremmelgaard A, Hald T (1986) Catheter-associated bacteriuria. A controlled trial with the Bardex Urinary Drainage System. Acta Obstet Gynecol Scand 65:295–299

Knight RM, Pellegrini Jr. VD (1996) Bladder management after total joint arthroplasty. J Arthroplasty 11:882–888

Knopf JH (1998) Probleme der Qualitätssicherung in der Krankenhaushygiene aus der Sicht des hygienebeauftragten Arztes. Krankenh Hyg Inf Verh 20:3–6

Kollef MH, Prentice D, Shapiro SD et al. (1997) Mechanical ventilation with or without daily changes of in-line suction catheters. Am J Respir Crit Care Med 156:466–472

Kollef MH, Steven DS, Fraser VJ et al. (1995) Mechanical ventilation with or without 7 day circuit changes. Ann Intern Med 123:168–174

Kommission für Krankenhaushygiene und Infektionsprävention (1992) Anforderungen der Hygiene an die Aufbereitung von Medizinprodukten. Bundesgesundheitsbl 12:642–644

Kreter B, Woods M (1992) Antibiotic prophylaxis for cardiothoracic operations. Meta-analysis of thirty years of clinical trials. J Thorac Cardiovasc Surg 104:590–599

Kumagai SG, Rosales RF, Hunter GC et al. (1991) Effects of electrocautery on midline laparotomy wound infection. Am J Surg 162:620–623

Kunin CM (1996) Prevention of catheter-associated infections. In: Kunin CM (ed) Urinary tract infections. Detection, prevention, and management. Williams & Wilkinson, Baltimore, pp 245–278

Kurz A, Sessler DI, Lenhardt R (1996) Perioperative normothermia to reduce the incidence of surgical-wound infection and shorten hospitalization. N Engl J Med 334:1209–1215

Lacour M, Gastmeier P, Daschner F, Rüden H (1998) Prävention der nosokomialen Pneumonie. Intensivmed 35:375–381

Lacour M, Gastmeier P, Rüden H, Daschner F (1998) Prävention der nosokomialen Pneumonie. Intensivmed 35:87–94

Lacour M, Gastmeier P, Rüden H, Daschner F (1998) Prävention von Infektionen durch intravasale Katheter. Intensivmed 35:582–592

Laffel G, Blumenthal D (1989) The case for using industrial quality management science in health care organizations. JAMA 262:2869–2873

Lai KK (1998) Safety of prolonging peripheral cannula and i.v. tubing use from 72 hours to 96 hours. Am J Infect Control 26:66–70

Lampe HI, Sneller ZW, Rijnberg WJ (1992) Urination problems following total hip arthroplasty: insertion or not of an indwelling catheter? Ned Tijdschr Geneeskd 136:827–831

Liedberg H, Lundeberg T (1990) Silver alloy coated catheters reduce catheter-associated bacteriuria. Br J Urol 65:379–381

Liedberg H, Lundeberg T, Ekman P (1990) Refinements in the coating of urethral catheters reduces the incidence of catheter-associated bacteriuria. An experimental and clinical study. Eur Urol 17:236–240

Logghe C, Van Ossel C, D'Hoore W, Ezzedine H, Wauters G, Haxhe JJ (1997) Evaluation of chlorhexidine and silver-sulfadiazine impregnated central venous catheters for the prevention of bloodstream infection in leukaemic patients: a randomized controlled trial. J Hosp Infect 37:145–156

Long MN, Wickstrom G, Grimes A et al. (1996) Prospective, randomized study of ventilator-associated pneumonia in patients with one vs. three ventilator circuit changes per week. Infect Control Hosp Epidemiol 17:14–19

Maier B, Görgen R, Kielmann AA, Diesfeld HJ, Korte R (1994) Assessment of the district health system using qualitative methods. MacMillan, London

Maki DG (1992) Infections due to infusion therapy. In: Bennett JV BP (ed) Hospital infections. Little Brown, Boston, pp 849–898

Maki DG, Knasinski V, Halvorson K, Tambyah PA (1998) A novel silver-hydrogel-impregnated indwelling urinary catheter reduces CAUTI: a prospective double-blind trial. Eigth Annual Meeting of the Society for Healthcare Epidemiology of America (SHEA), Abstract 10

Maki DG, Stolz SM, Wheeler S, Mermel LA (1997) Prevention of central venous catheter-related bloodstream infection by use of an antiseptic-impregnated catheter. A randomized, controlled trial. Ann Intern Med 127:257–266

Mangram AJ, Horan TC, Pearson ML, Jarvis WR, the Hospital Infection Control Practices Advisory Committee (1999) Guideline for prevention of surgical site infection. Am J Infect Control 27:97–134

Mangram AJ, Horan TC, Pearson ML, Silver LC, Jarvis WR, the Hospital Infection Control Practices Advisory Committee (1999) Guideline for prevention of surgical site infection, 1999. Infect Control Hosp Epidemiol 20:247–280

Mastro TD, Farley TA, Elliott JA et al. (1990) An outbreak of surgical-wound infections due to group A streptococcus carried on the scalp. N Engl J Med 323:968–972

McQueen MM, LittleJohn MA, Miles RS, Hughes SP (1990) Antibiotic prophylaxis in proximal femoral fracture. Injury 21:104–106

Meijer WS, Schmitz PI, Jeekel J (1990) Meta-analysis of randomized, controlled clinical trials of antibiotic prophylaxis in biliary tract surgery. Br J Surg 77:283–290

Menzel J, Bauer J, von Pritzbuer E, Klempa I (1993) Perioperative use of ampicillin/sulbactam, cefoxitin and piperacillin/ metronidazole in elective colon and rectal surgery. A prospective randomized quality assurance study of 422 patients. Chirurg 64:649–652

Michelson JD, Lotke PA, Steinberg ME (1988) Urinary-bladder management after total joint-replacement surgery. N Engl J Med 319:321–326

Mitchell NJ, Evans DS, Pollock D (1980) Pre-operation single-dose cefuroxime antimicrobial prophylaxis with and without metronidazole in elective gastrointestinal surgery. J Antimicrobial Chemother 6:393–399

Mittendorf R, Aronson MP, Berry RE et al. (1991) Avoiding serious infections associated with abdominal hysterectomy: a meta-analysis of antibiotic prophylaxis. Am J Obstet Gynecol 164:1377–1380

Morris DL, Young D, Burdon DW, Keighley MR (1984) Prospective randomized trial of single dose cefuroxime against mezlocillin in elective gastric surgery. J Hosp Infect 5:200–204

Mountokalakis T, Skounakis M, Tselentis J (1985) Short-term vs. prolonged systematic antibiotoc prophylaxis in patients treated with indwelling catheters. J Urol 134:506–508

Muncie Jr. HL, Hoopes JM, Damron DJ, Tenney JH, Warren JW (1989) Once-daily irrigation of long-term urethral catheters with normal saline. Lack of benefit. Arch Intern Med 149:441–443

Nacey JN, Tulloch AG, Ferguson AF (1985) Catheter-induced urethritis: a comparison between latex and silicone catheters in a prospective clinical trial. Br J Urol 57:325–328

Nassauer A (1996) Rechtliche Rahmenbedingungen der Krankhaushygiene. In: Beck E (Hrsg) Hygiene in Krankenhaus und Praxis. Ecomed, Landsberg/Lech

National Nosocomial Infections Surveillance (NNIS) System (1997) National Nosocomial Infections Surveillance (NNIS) Report, Data summary from October 1986–April 1997, issued May 1997. Am J Infect Control 25:477–487

National Nosocomial Infections Surveillance System (1991) Nosocomial infection rates for interhospital comparison: Limitations and possible solutions. Infect Control Hosp Epidemiol 12:609–621

Noble RC, Kane MA, Reeves SA, Roeckel I (1984) Posttransfusion hepatitis A in a neonatal intensive care unit. JAMA 252:2711–2715

Nooyen SMH, Overbeek BP, Brutel de la Rivière A, Storm AJ, Langemeyer JJM (1994) Prospective randomised comparison of single-dose vs. multiple-dose cefuroxime for prophylaxis in coronary artery bypass grafting. Eur J Clin Microb Infect Dis 12:1033–1037

Norden CW (1991) Antibiotic prophylaxis in orthopedic surgery. Rev Infect Dis 13 Suppl 10:S842–846

Nyren P, Runeberg L, Kostiala AI, Renkonen OV, Roine R (1981) Prophylactic methenamine hippurate or nitrofurantoin in patients with an indwelling urinary catheter. Ann Clin Res 13:16–21

O'Kelly TJ, Mathew A, Ross S, Munro A (1995) Optimum method for urinary drainage in major abdominal surgery: a prospective randomized trial of suprapubic vs. urethral catheterization. Br J Surg 82:1367–1368

O'Rourke EJ (1995) The first HICPAC guideline: well done, CDC. Hospital Infection Control Practices Advisory Committee. Am J Infect Control 23:50–52

Ouslander JG, Greengold B, Chen S (1987) External catheter use and urinary tract infections among incontinent male nursing home patients. J Am Geriatr Soc 35:1063–1070

Oxman AD, Sackett DL, Guyatt G (1993) User's guides to the medical literature I. how to get started. JAMA 270:2093–2601

Pearson ML, the Hospital Infection Control Practices Advisory Committee (1996) Guideline for prevention of intravascular-device-related infections. Infect Control Hosp Epidemiol 17:438–473

Periti P, Mazzei T, Tonelli F (1989) Single-dose cefotetan vs multiple dose cefoxitin – antimicrobial prophylaxis in colorectal surgery. Dis Colon Rectum 32:121–127

Perrin LC, Penford C, McLeish A (1997) A prospective randomized controlled trial comparing suprapibic with urethral catheterization in rectal surgery. Aust N Z J Surg 1997:554–556

Petersen LR, Ammon A (1997) Applied infectious disease epidemiology in Germany. Gesundheitswesen 59:696–698

Pfaller MA (1996) Nosocomial candidiasis: emerging species, reservoirs, and modes of transmission. Clin Infect Dis 22 (Suppl 2):S 89–94

Piergiovanni M, Tschantz P (1991) Urinary catheterization: transurethral or suprapubic approach? Helv Chir Acta 58:201–205

Platt R, Polk BF, Murdock B, Rosner B (1983) Reduction of mortality associated with nosocomial urinary tract infection. Lancet I:893–897

Platt R, Zaleznik DF, Hopkins CC et al. (1990) Perioperative antibiotic prophylaxis for herniorrhaphy and breast surgery. N Engl J Med 322:153–160

Pottinger JM, Herwaldt LA, Perl TM (1997) Basics of surveillance – an overview. Infect Control Hosp Epidemiol 18:513–527

Raad I, Darrouiche R, Dupuis J et al., the Texas Center Catheter Study Group (1997) Central venous catheters with minocycline and Rifampicin for the prevention of catheter-related colonization and bloodstream infections. A randomized, double-blind trial. Ann Intern Med 127:267–274

Raad I, Hanna H, Richardson D et al. (1998) Optimal frequency of changing intravenous administration sets (IVAS): Is it safe to prolong duration of use beyound 3 days (3D)? 8th Annual Meeting of the Society of Healthcare Epidemiology of America. Orlando, April 98

Ratnaval CD, Renwick P, Farouk R, Monson JR, Lee PW (1996) Suprapubic vs transurethral catheterisation of males undergoing pelvic colorectal surgery. Int J Colorectal Dis 11:177–179

Rehork B, Ruden H (1991) Investigations into the efficacy of different procedures for surgical hand disinfection between consecutive operations. J Hosp Infect 19:115–127

Riley DK, Classen DC, Stevens LE, Burke JP (1995) A large randomized clinical trial of a silver-impregnated urinary catheter: lack of efficacy and staphylococcal superinfection. Am J Med 98:349–356

Rote Liste (1999) Editio Cantor, Aulendorf

Rowe-Jones DC, Peel ALG, Kingston RD et al. (1990) Single-dose cefotaxim plus metronidazol as prophylaxis against wound infection in colorectal surgery: a multicentre prospective randomized study. BMJ 300:18–22

Rüden H, Gastmeier P, Daschner F, Schumacher M (1996) Nosokomiale Infektionen in Deutschland, Epidemiologie in den alten und neuen Bundesländern. Dtsch Med Wochenschr 121:1281–1287

Rüden H, Gastmeier P, Daschner F, Schumacher M (1997) Nosocomial and community-acquired infections in Germany. Summary of the results of the first national prevalence study (NIDEP). Infection 25:199–202

Rüden H, Daschner F (Hrsg) (2000) Nosokomiale Infektionen in Deutschland – Erfassung und Prävention (NIDEP-Studie), Teil 2: Studie zur Einführung eines Qualitätsmanagementprogrammes, Nomos-Verlagsgesellschaft, Baden-Baden

Ruef C, Francioli P (1997) Qualitätssicherung im Spital (I): Spitalhygiene als Vorbild und Pionier. Swiss Noso 4/1:6–8

Rutschmann OT, Zwahlen A (1995) Use of norfloxacin for prevention of symptomatic urinary tract infection in chronically catheterized patients. Eur J Clin Microbiol Infect Dis 14:441–444

Sackett DL, Rosenberg WM, Gray JA, Haynes RB, Richardson WS (1996) Evidence based medicine: what it is and what it isn't. BMJ 312:71–72

Schaeffer AJ, Story KO, Johnson SM (1988) Effect of silver oxide/trichloroisocyanuric acid antimicrobial urinary drainage system on catheter-associated bacteriuria. J Urol 139:69–73

Scheckler WE (1992) Continuous quality improvement in a hospital system: Implications for hospital epidemiology. Infect Control Hosp Epidemiol 13:288–292

Scheckler WE, Brimhall D, Buck AS et al. (1998) Requirements for infrastructure and essential activities of infection control and epidemiology in hospitals: A consensus panel report. Infect Control Hosp Epidemiol 19:114–124

Schiotz HA, Malme PA, Tanbo TG (1989) Urinary tract infections and symptomatic bacteriuria after vaginal plastic surgery. A comparison of suprapubic and transurethral catheters. Acta Obstet Gynecol Scand 68:453–455

Schirmer HD (1996) Rechtliche Anmerkungen zum Problem der Empfehlungen, Leitlinien, Richtlinien und Standards in der Medizin. Ärztliches Qualitätsmanagement. Bundesärztekammer, Köln

Schneeberger PM, Vreede RW, Bogdanowicz JF, Dijk WC van (1992) A randomized study on the effect of bladder irrigation with povidone-iodine before removal of an indwelling catheter. J Hosp Infect 21:223–229

Schneeberger S, Guyot C (1995) Est-ce qu'un gel pour ultrasons peut être à la source d'une contamination chez des nouveaux-nés? Hospitalis 65:19 S

Schorn G (1995) Das Medizinproduktegesetz. Anwendung im ärztlichen Bereich. Dtsch Ärztebl 92:2890–2893

Schubert M (1989) Praxis der Qualitätszirkelarbeit. DGQ-Schrift Nr. 14–12. Berlin

Sclech WF, Simonson N, Sumarah R, Martin RS (1986) Nosocomial outbreak of pseudomonas aeroginosa follicullitis associated with a physiotherapy pool. Can Med Assoc J 134:909–913

Sethia KK, Selkon JB, Berry AR et al. (1987) Prospective randomized controlled trial of urethral vs. suprapubic catheterization. Br J Surg 74:624–625

Seto WH (1995) Training the work force–models for effective education in infection control. J Hosp Infect 30 (Suppl):241–247

Shafik A (1993) The electrified catheter. Role in sterilizing urine and decreasing bacteriuria. World J Urol 11:183–185

Sherertz RJ, Garibaldi RA, Kaiser AB et al. (1992) Consensus paper on the surveillance of surgical wound infections. Infect Control Hosp Epidemiol 13:599–605

Simmons BP (1982) Guideline for prevention of surgical wound infections. Infect Control 2:185–196

Skelly JM, Guyatt GH, Kalbfleisch R, Singer J, Winter L (1992) Management of urinary retention after surgical repair of hip fracture. CMAJ 146:1185–1189

Slavis SA, Miller JB, Golji H, Dunshee CJ (1992) Comparison of single-dose antibiotic prophylaxis in uncomplicated transurethral resection of the prostate. J Urol 147:1303–1306

Sonne-Holm S, Boeckstyns M, Menck H et al. (1985) Prophylactic antibiotics in amputation of the lower extremity for ischemia. A placebo-controlled, randomized trial of cefoxitin. J Bone Joint Surg 67:800–803

Stamm AM (1998) Ventilator-associated pneumonia and frequency of circuit changes. Am J Infect Control 26:71–73

Stone HH, Hooper CA, Kolb LD, Geheber CE, Dawkins EJ (1976) Antibiotic prophylaxis in gastric, biliary and colonic surgery. Ann Surg 184:443–452

Stubbs RS, Griggs NJ, Kelleher JP et al. (1987) Single dose mezlocillin vs. three dose cefuroxime plus metronidazole for the prophylaxis of wound infection after large bowel surgery. J Hosp Infect 9:285–290

Sweet DE, Goodpasture HC, Holl K, Smart S, Alexander H, Hedari A (1985) Evaluation of H_2O_2 prophylaxis of bacteriuria in patients with long-term indwelling Foley catheters: a randomized controlled study. Infect Control 6:263–266

Tablan OC, Anderson LJ, Arden NH et al. (1994) Guideline for prevention of nosocomial pneumonia. Infect Control Hosp Epdemiol 15:587–627

Talja M, Korpela A, Jarvi K (1990) Comparison of urethral reaction to full silicone, hydrogen-coated and siliconised latex catheters. Br J Urol 66:652–657

Tangtrakul S, Taechaiya S, Suthutvoravut S, Linasmita V (1994) Post-cesarean section urinary tract infection: a comparison between intermittent and indwelling catheterization. J Med Assoc Thai 77:244–248

Taylor EW, Byrne DJ, Leaper DJ et al. (1997) Antibiotic prophylaxis and open groin hernia repair. World J Surg 21:811–814

Teare EL, Peacock A (1996) The development of an infection control link-nurse programme in a district general hospital. J Hosp Infect 34:267–278

Telzak EE, Budnick LD, Greenberg MS et al. (1990) A nosocomial outbreak of Salmonella enteritidis infection due to the consumption of raw eggs. N Engl J Med 323:394–397

Tenover F, Arbeit R, Goering R, the Molecular Typing Working Group of the Society for Healthcare Epidemiology of America (1997) How to select and interpret molecular strain typing methods for epidemiological studies of bacterial infections: A review for healthcare epidemiologist. Infect Control Hosp Epidemiol 18:426–439

Thompson RL, Haley CE, Searcy MA et al. (1984) Catheter-associated bacteriuria. Failure to reduce attack rates using periodic instillations of a disinfectant into urinary drainage systems. JAMA 251:747–751

Trilla A, Mensa J (1997) Perioperative antibiotic prophylaxis. In: RP W (ed) Prevention and control of nosocomial infections. Williams & Wilkins, Baltimore, pp 867–887

Tunevall TG (1991) Postoperative wound infections and surgical face masks: a controlled study. World J Surg 15:383–387

Vallés J, Artigas A, Rello J et al. (1995) Continuous aspiration of subglottic secretions in preventing ventilator-associated pneumonia. Ann Intern Med 122:179–186

Van den Broek PJ, Daha TJ, Mouton RP (1985) Bladder irrigation with povidone-iodine in prevention of urinary-tract infections associated with intermittent urethral catheterisation. Lancet I:563–565

Van der Wall E, Verkooyen RP, Mintjes-de Groot J et al. (1992) Prophylactic ciprofloxacin for catheter-associated urinary-tract infection. Lancet 339:946–951

Van Meirhaeghe J, Verdonk R, Verschraegen G et al. (1989) Flucloxacillin compared with cefazolin in short-term prophylaxis for clean orthopedic surgery. Arch Orthop Trauma Surg 108:308–313

Vandoni RE, Lironi A, Tschantz P (1994) Bacteriuria during urinary tract catheterization: suprapubic vs. urethral route: a prospective randomized trial. Acta Chir Belg 94:12–16

Velanovich V (1991) A meta-analysis of prophylactic antibiotics in head and neck surgery. Plast Recontr Sur 87:429–434

Viethen G (1995) Qualität im Krankenhaus. Schattauer. Stuttgart, New York

Warren JW (1997) Urinary tract infections. In: Wenzel RP (ed) Prevention and control of nosocomial infections. Williams & Wilkins, Baltimore, pp 821–840

Warren JW, Anthony WC, Hoopes JM, Muncie Jr. HL (1982) Cephalexin for susceptible bacteriuria in afebrile, long-term catheterized patients. JAMA 248:454–458

Warren JW, Platt R, Thomas RJ, Rosner B, Kass EH (1978) Antibiotic irrigation and catheter-associated urinary-tract infections. N Engl J Med 299:570–573

Weber DO, Gooch JJ, Wood WR, Britt EM, Kraft RO (1976) Influence of operating room surface contamination on surgical wounds: a prospective study. Arch Surg 111:484–488

Weist K, Wendt C, Bartsch M, Versmold H, Rüden H (1996) Pyodermas in neoonates caused by a clone of Methicillin susceptible S. aureus (MSSA) associated with a contamination of ultrasound gel. Infect Control Hosp Epidemiol 17:39

Wells GR, Taylor EW, Lindsay G, Morton L (1989) Relationship between bile colonization, high-risk factors and postoperative sepsis in patients undergoing biliary tract operations while receiving a prophylactic antibiotic. West of Scotland Surgical Infection Study Group. Br J Surg 76:374–377

Wendt C, Herwaldt LA (1997) Epidemics: Identification and management. In: Wenzel RP (Hrsg) Prevention and Control of Nosocomial Infections. Williams & Wilkins, Baltimore, pp 175–213

Wenzel RP (1997) Healthcare Reform and the Hospital Epidemiologist, (Hrsg) Prevention and Control of nosocomial infections. Williams & Wilkins, Baltimore, pp 47–54

Wenzel RP, Nettleman MD (1996) Principles of Hospital Epidemiology. In: Mayhall CG (ed) Hospital epidemiology and infection control. Williams & Wilkins, Baltimore, pp 73

Wenzel RP, Osterman CA, Hunting KJ, Gwaltney JM (1976) Hospital-acquried infections. I. Surveillance in a university hospital. Am J Epidemiol 103:251–260

Wenzel RP, Pfaller MA (1991) Infection Control: The premier quality assessment program in united states hospitals. Am J Med 91 (Suppl 3B):27S–31S

Wenzel RP, Thompson RL, Landry SM et al. (1983) Hospital-acquired infections in intensive care unit patients: an overview with emphasis on epidemics. Infect Control 4:371–375

Wieck JA, Jackson JK, O'Brien TJ et al. (1997) Efficacy of prophylactic antibiotics in arthroscopic surgery. Orthopedics 20:133–134

Wille JC, Blusse van Oud Alblas A, Thewessen EA (1993) Nosocomial catheter-associated bacteriuria: a clinical trial comparing two closed urinary drainage systems. J Hosp Infect 25:191–198

Wong ES, Hooton TM (1981) Guideline for prevention of catheter-associated urinary tract infections. Infect Control 2:126–130

Zaza S, Jarvis WR (1996) Investigation of outbreaks. In: Mayhall CG (ed) Hospital epidemiology and infection control. Williams & Wilkins, Baltimore, pp 105–113

Zimakoff J, Stickler DJ, Pontoppidan B, Larsen SO (1996) Bladder management and urinary tract infections in Danish hospitals, nursing homes, and home care: a national prevalence study. Infect Control Hosp Epidemiol 17:215–221

Zuber M, Durig M, Neff U, Laffer U (1989) Antibiotic prophylaxis in colon surgery: cefazolin (Kefzol-ornidazole (Tiberal) vs. cephazolin-placebo. Helv Chir Acta 56:211–215

Glossar

Ausbruch Anstieg der Krankheitshäufigkeit über das → endemische Niveau der Krankheit.

Bias (systematischer Fehler, Verzerrung) Wichtiger Faktor bei der Beurteilung von klinischen Studien. Für die gesamte Untersuchungspopulation ist eine Abweichung des Ergebnisses in eine Richtung zu erwarten. Die wichtigsten Formen sind:
- *Selektionsbias:* falsche Festlegung und Auswahl der Untersuchungspopulation,
- *Informationsbias:* falsche Anwendung und Interpretation diagnostischer Verfahren,
- *Analysebias:* falsche Analyse der Daten,
- *Recall-Bias:* fehlerhaftes Erinnern der Befragten bei der Rekonstruktion von Zusammenhängen in Fall-Kontroll-Studien.

CDC (Centers for Disease Control and Prevention) Einrichtung des amerikanischen Gesundheitsministeriums, u.a. zuständig für Infektionsprävention. Gibt zusammen mit → HICPAC Empfehlungen (→ evidenzbasierte Empfehlungen) heraus und betreibt eine Referenzdatenbank für → NI.

Cochrane Library Wichtiger Faktor bei der Suche nach klinischen Studien. Internationale Datenbank der randomisierten kontrollierten klinischen Studien, enthält darüber hinaus systematisch erstellte Übersichtsartikel zu verschiedenen Themen.

Confounder Ist ein unabhängiger Risikofaktor für die Zielgröße, weist aber gleichzeitig einen Zusammenhang mit der Einflußgröße auf.

Device Geräte, Hilfsmittel im Sinne von Katheter, Tubus etc., die am Patienten angewandt werden.

DGHM Deutsche Gesellschaft für Hygiene und Mikrobiologie.

DGHM-Liste Periodisch aktualisierte Liste mit Konzentrationsangaben und Einwirkzeiten für durch die DGHM geprüfte Desinfektionsmittel.

EBM („evidence-based medicine") Nach Sacket (1996): ... den bewußten und verständigen Einsatz der gegenwärtig besten Beweise (*Evidence) aus der medizinischen Forschung, um Entscheidungen über die medizinische Versorgung von einzelnen Personen zu treffen. EBM zu praktizieren bedeutet, die individuelle klinische Erfahrung mit den besten zur Verfügung stehenden externen Beweisen aus systematischer Forschung zu integrieren.

endemische Infektionsrate Durchschnittliche Infektionsrate über ein längeres Zeitintervall.

Ergebnisqualität Begriff aus der Qualitätsforschung. Wirksamkeit von Methoden oder Wirkstoffen in quantitativer Hinsicht. In der Hygiene z.B. Anzahl der nosokomialen Infektionen im ständigen Vergleich bei einer kontinuierlichen Erfassung.

Evaluation Bewertung nach einem systematischen Prinzip. Studien können genauso wie z.B. Lehrveranstaltungen evaluiert werden.

Evidence Bedeutet Nachweis. Im Gegensatz zum Deutschen: hier eher philosophischer Begriff „Evidenz: Deutlichkeit, das Offenkundige".

evidenzbasierte Empfehlungen Empfehlungen, die auf Ergebnissen von möglichst randomisierten und kontrollierten Studien basieren; → CDC, → HICPAC.

Fall-Kontroll-Studie Retrospektive Gegenüberstellung einer Gruppe erkrankter Personen (Fallgruppe) und einer vergleichbaren Gruppe (Kontrollgruppe). Geeignete Methode, um Risiken bei geringen Fallzahlen herauszufinden; → Kohortenstudie.

HICPAC (Hospital Infection Control Practices Advisory Committee) Partner der → CDC bei der Entwicklung von Empfehlungen zur Prävention → nosokomialer Infektionen. Als unabhängiges Expertengremium konzipiert soll es die CDC vor Druck durch kommerzielle und politische Interessensvertreter abschirmen.

HMEF (Heat-and-moisture-exchange-Filter) Wärme- und Feuchtigkeitstauscher, sog. künstliche Nase. Filter, der hinter dem Tubus im Beatmungssystem geschaltet ist und die zum Patienten kommende Luft erwärmen und befeuchten sowie eine Benässung und Kontamination des Beatmungssystems verhindern soll; er darf nur bei lungengesunden Patienten eingesetzt werden.

HWI Harnwegsinfektion.

HWK Harnwegskatheter.

Inzidenz (Risiko) Gibt den relativen Anteil der Neuerkrankten bezogen auf die Zahl der Patienten an, die in einem zeitlichen Verlauf unter Risiko stehen:

$$\frac{Neuerkrankte}{Patienten\ im\ zeitlichen\ Verlauf\ unter\ Risiko} \times 100$$

Inzidenzdichte Gibt den relativen Anteil der Neuerkrankten in einer Zeitperiode an, bezogen auf die Zahl der Patiententage unter Risiko:

$$\frac{Neuerkrankte\ in\ einer\ bestimmten\ Zeitperiode}{Anzahl\ der\ Patiententage} \times 1000$$

KISS (Krankenhaus-Infektions-Surveillance-System) System zur internen Qualitätssicherung. Gemeinsames Projekt zur Erfassung nosokomialer Infektionen (→ NI) des Nationalen Referenzzentrums (→ NRZ) für Krankenhaushygiene und des Robert Koch-Instituts (→ RKI).

Kohortenstudie Meist prospektiv von einer definierten Bevölkerung ausgehende Studie, um Risiken herauszufinden. Geeignet für häufig auftretende Krankheiten; → Fall-Kontroll-Studie.

Leitlinien Nach Gerlach (1998) (Original von Field): systematisch entwickelte Empfehlungen, die Entscheidungen von Ärzten und Patienten über eine im Einzelfall angemessene gesundheitliche Versorgung ermöglichen sollen.

„line-listing" Methode bei der → Ausbruchbearbeitung. Für alle Fallpatienten werden Listen („line-listing") erstellt, in denen das Vorliegen der Kriterien der Falldefinition aufgeführt wird.

„link nurse" Krankenschwester oder -pfleger, die/der den Kontakt zwischen Station und Hygienefachpflegepersonal aufrechterhält.

Medline Medizinische Datenbank, die monatlich aktualisiert wird und aus mehr als 3000 medizinischen Zeitschriften die Artikel in Abstractform anbietet. Inzwischen gibt es Zugänge über das Internet.

multivariate Analyse Eine analytische Methode, die die gleichzeitige Untersuchung von zwei oder mehr abhängigen Variablen erlaubt. Abhängig heißt, daß die Variabeln sich gegenseitig beeinflussen.

NI (nosokomiale Infektionen) Eine Infektion mit lokalen oder systemischen Infektionszeichen als Reaktion auf das Vorhandensein von Erregern oder Toxinen, die im zeitlichen Zusammenhang mit einem Krankenhausaufenthalt oder einer ambulanten medizinischen Maßnahme steht, soweit die Infektion nicht bereits vorhanden war.

NIDEP (Nosokomiale Infektionen in Deutschland – Erfassung und Prävention) Studie im Auftrag des Bundesgesundheitsministerium.
- *NIDEP 1 (1993–95):* Studie zur Prävalenz nosokomialer Infektionen.
- *NIDEP 2 (1995–99):* Interventionsstudie zum Qualitätsmanagement nosokomialer Infektionen.

NNIS (National-Nosocomial-Infections-Surveillance)-System Amerikanisches Projekt zur krankenhausinternen Qualitätssicherung. Hier werden seit 1970 bestimmte nosokomiale Infektionen (→ NI) erfaßt und analysiert.

NRZ (Nationales Referenzzentrum) für Krankenhaushygiene Das NRZ ist eine vom Bundesministerium für Gesundheit (BMG) bzw. Robert Koch-Institut (RK) eingerichtete und geförderte Einrichtung. Die wesentlichen Aufgaben (→ KISS-Projekt, NI-Erregertypisierung, Anfragebearbeitung) werden vom Institut für Hygiene der Freien Universität Berlin und vom Institut für Umweltmedizin und Krankenhaushygiene der Albert Ludwigs-Universität Freiburg wahrgenommen.

Odds Ratio (OR; Quotenquotient, relative Chance) Zur Beschreibung des Zusammenhangs zwischen Einflußgröße und Zielgröße in → Fall-Kontroll-Studien.

$$\frac{\textit{Anzahl der exponierten Erkrankten}/\textit{Anzahl der nichtexponierten Erkrankten}}{\textit{Anzahl der exponierten Nichterkrankten}/\textit{Anzahl der nicht exponierten Nichterkrankten}}$$

Ökobilanz Produkte werden unter ökonomischen und ökologischen Gesichtpunkten verglichen. Es sollen alle mit dem Produkt verbundenen Auswirkungen auf Mensch und Umwelt erfaßt werden.

PCR (Polymerasekettenreaktion) Molekularbiologische Methode zum Nachweis und Vergleich von genetischem Material. Dazu wird die gewonnene DNA zunächst vermehrt (Amplifikation) und danach durch Hybridisierung nachgewiesen. Anhand der Verteilungsmuster auf einem Elektrophoresegel kann die Identität verschiedener Erreger festgestellt werden.

PFGE (Pulsfeldgelelektrophorese) Molekularbiologische Methode zum Nachweis und Vergleich von genetischem Material. Die DNA wird an bestimmten Stellen geschnitten und danach über eine Gelelektrophorese aufgetrennt. Anhand der Verteilungsmuster kann die Identität oder Nichtidentität verschiedener Errreger festgestellt werden. Die PFGE wird als Goldstandard bei der Typisierung angesehen.

Prävalenz Maß für den relativen Anteil Erkrankter in einer definierten Population (z. B. der Gesamtbevölkerung) zu einer bestimmten Zeit (es werden Punkt- und Periodenprävalenz unterschieden):

$$\frac{Erkrankte}{untersuchte\ Bev\ddot{o}lkerungsgruppe}$$

Prozeßqualität Qualität der medizinischen Versorgung im Hinblick auf alle medizinische Aktivitäten unter besonderer Berücksichtigung interpersoneller und technischer Aspekte.

Qualitätsmanagement Definition nach ISO Norm 8402: Gesamtheit aller Tätigkeiten der Qualitätsplanung, Qualitätskontrolle, der Qualitätssicherung und der Qualitätsverbesserung, die geeignet sind, die Qualitätsziele eines Unternehmens zu erreichen.

Qualitätszirkel Nach Schubert (1989): eine zielorientiert arbeitende Gruppe von Mitarbeitern, die ihr eigenes arbeitsspezifisches Wissen und ihre Erfahrung freiwillig einbringen, um Themen der eigenen Arbeit zu besprechen und durch selbstentwickelte Lösungen Produkt- und Arbeitsqualität verbessern zu helfen sowie zu ihrer Selbstverwirklichung und Arbeitszufriedenheit beizutragen.

Randomisierung Zufällige Zuordnung von Patienten zu Behandlungsgruppen.

relatives Risiko (RR) Zur Beschreibung des Zusammenhangs zwischen Einflußgröße und Zielgröße in → Kohortenstudien:

$$\frac{Inzidenzrate\ Exponierte}{Inzidenzrate\ Nichtexponierte}$$

→ Odds Ratio.

Richtlinien Von einer rechtlich legitimierten Institution konsentierte, schriftlich fixierte und veröffentlichte Regelungen, die für den Rechtsraum dieser Institution verbindlich sind und deren Nichtbeachtung definierte Sanktionen nach sich zieht.

Risiko → Inzidenz.

RKI (Robert Koch-Institut) Bundesinstitut für Infektionskrankheiten und nichtinfektiöse Erkrankungen. Das Robert Koch-Institut ist eine wissenschaftliche Einrichtung des Bundes im Geschäftsbereich des Bundesministeriums für Gesundheit (BMG). Das Robert Koch-Institut betreibt naturwissenschaftliche und epidemiologische Ressortforschung und ist die zentrale Einrichtung des BMG für den öffentlichen Gesundheitsdienst.

SENIC (Study on the Efficacy of Nosocomial Infection Control) Erste großangelegte Studie zur Analyse nosokomialer Infektionen. 1975–76 mit ca. 338 000 Patienten durchgeführt. Als herausragendes Ergebnis zeigte sich, daß sich durch Surveillance und geeignete weitere Präventionsmaßnahmen die Rate nosokomialer Infektionen um 32% reduzieren läßt.

Sensitivität Fähigkeit, nosokomiale Infektionen bei nosokomial infizierten Patienten zu entdecken. Relativer Anteil richtig positiver Befunde bei den nosokomial Infizierten:

$$\frac{Richtig\ erkannte\ NI}{Tats\ddot{a}chlich\ vorhandene\ NI}$$

Sepsis In der Epidemiologie eher im Sinne einer Blutstrominfektion angewandt. Der Begriff Bakteriämie ist ungeeignet, da immer häufiger Blutstrominfektionen auch durch Pilze hervorgerufen werden. Außerdem werden asymptomatische Bakteriämien nicht berücksichtigt.

- *Primäre Sepsis:* Der oder die Erreger treten erstmals im Blut des Patienten auf, ohne vorher eine Infektion an einem anderem Organsystem verursacht zu haben.
- *Sekundäre Sepsis:* Erreger einer Infektion eines Organsystems treten ins Blut über. Die vorher vorhandene Infektion wird primärer Infektionsherd genannt.

SIR (standardisierte Wundinfektionsrate) Die gefundene Wundinfektionsrate wird der erwarteten gegenübergestellt. Dadurch Vergleichbarkeit der Wundinfektionsraten möglich:

$$\frac{Anzahl\ beobachteter\ Wundinfektionen}{Anzahl\ erwarteter\ Wundinfektionen}$$

Society of Health Care Epidemiology of America (SHEA) Internationale wissenschaftliche Gesellschaft der Hospitalepidemiologen.

Spezifität Fähigkeit, bei einem nicht nosokomial infizierten Patienten keine nosokomiale Infektion zu diagnostizieren. Relativer Anteil negativer Diagnosen bei den nicht nosokomial Infizierten:

$$\frac{Richtig\ erkannte\ Abwesenheit\ von\ NI}{Tats\ddot{a}chliche\ F\ddot{a}lle\ ohne\ NI}$$

Standardisierung Statistisches Verfahren, um → Confounder auszuschalten.

Standards Maßgebliche Aussage über (1.) minimal akzeptable Versorgungsprozesse bzw. -ergebnisse, (2.) optimale Versorgungsprozesse bzw. -ergebnisse oder (3.) einen Toleranzbereich akzeptabler Versorgungsprozesse bzw. -ergebnisse.

Stratifizierung Statistische Methode, um Analysen zu kontrollieren. Dazu werden Untergruppen gebildet, und die Assoziation zwischen Einfluß- und Zielgröße wird für diese Gruppen gesondert untersucht, z.B. Altersstandardisierung.

Strukturqualität Rahmenbedingungen auf personeller, organisatorischer und baulich-funktioneller Ebene.

Surveillance Fortlaufende, systematische Erfassung, Analyse und Interpretation der Gesundheitsdaten, die für das Planen, die Einführung und Evaluation von medizinischen Maßnahmen notwendig sind; dazu gehört die aktuelle Übermittlung der Daten an diejenigen, die diese Information benötigen.

systematischer Fehler → Bias.

Typisierung Methode, um die Identität von 2 oder mehr Stämmen einer Spezies zu überprüfen; → PCR, → PFGE.

Validierung Überprüfen einer Methode im Vergleich zu einer Referenzmethode („golden standard"), z.B. Tests, aber auch Beurteilungsvermögen von Menschen; → Sensitivität, → Spezifität.

Verzerrung → Bias.

ZVK Zentraler Venenkatheter.